江苏高校品牌专业建设工程项目(PPZY2015A055)资助
江苏高校“青蓝工程”项目(苏教师〔2016〕15 号)资助
江苏省高校优秀中青年教师和校长境外研修计划项目(苏教办师〔2015〕7 号)资助
江苏省省级实验教学示范中心建设项目(苏教高〔2011〕24 号)资助
中国矿业大学教育教学改革与建设项目(2015QN48)资助

安全基础实验

主　编　裴晓东　王　亮　秦波涛
副主编　陈树亮　朱建云　何书建

中国矿业大学出版社

内 容 提 要

本书是针对安全工程专业多层次创新型开放式实验教学体系的建设和以激发学生创新精神、培养学生实践能力为目的的编写而成的，包含矿业安全、消防安全、职业健康监测及救护装备和技能等方面的基础性实验。全书共分为15个实验，内容包括工业场所气象参数测定，风流点压力测定，有毒、有害、爆炸性气体浓度测定，液体的闪点和燃点测定，常见固体可燃物点着温度测定，聚合物氧指数测定，水平垂直燃烧测试实验，噪声测量与频谱分析，颜色实验和照明工程测量，救护装备及工业卫生综合实验，电气安全综合实验，钢丝绳无损探伤检测实验，安全人机工程综合实验，煤巷掘进工作面综合防突虚拟仿真实验，大型通风机性能检测检验虚拟实验。

本书可作为普通高等学校安全工程、消防工程、采矿工程及相关工科专业的实验教材，也可供其他从事工程设计、现场管理、通风安全和劳动保护的相关技术人员阅读和参考。

图书在版编目(CIP)数据

安全基础实验/裴晓东，王亮，秦波涛主编. —徐州：中国矿业大学出版社，2018.2

ISBN 978-7-5646-3740-8

Ⅰ. ①安… Ⅱ. ①裴…②王…③秦… Ⅲ. ①安全工程—实验 Ⅳ. ①X93-33

中国版本图书馆CIP数据核字(2017)第263685号

书　　名　安全基础实验
主　　编　裴晓东　王　亮　秦波涛
责任编辑　李　敬
出版发行　中国矿业大学出版社有限责任公司
　　　　　(江苏省徐州市解放南路　邮编 221008)
营销热线　(0516)83885307　83884995
出版服务　(0516)83885767　83884920
网　　址　http://www.cumtp.com　**E-mail**：cumtpvip@cumtp.com
印　　刷　徐州中矿大印发科技有限公司
开　　本　787×1092　1/16　**印张** 10.75　**字数** 275 千字
版次印次　2018年2月第1版　2018年2月第1次印刷
定　　价　25.00元

前　言

为充分发挥实验教学在增强学生社会责任感、激发学生创新精神、培养学生实践能力等方面的重要作用，形成重视实践教学与理论教学协同培养高素质专门人才的良好氛围，江苏省省级实验教学示范中心——中国矿业大学安全工程实验中心在建设发展中逐步形成了“以矿业安全为特色，以实践能力和创新能力为目标，以学生为主体、教师为主导，寓创于学，全方位培养自主学习与实践创新能力，实施开放式实验教学，激发学生主动性，促进学生知识、能力、思维和素质的全面协调发展，培养高素质复合型安全工程高级专门人才”的教学理念。为此，中心开创性地将各门专业课的实验内容集中在一起独立授课，通过对整个实验教学体系和教学内容的优化整合，已建成一个包含“基础实验、选修实验、研究型实验、科研拓展型实验”的多层次创新型开放式的实验教学体系。

《安全基础实验》是中国矿业大学安全工程和消防工程两个专业独立设课的学科基础实践课程，也是多层次创新型开放式实验教学体系中第一层次“基础实验”的重要组成部分。通过学科基础实验可使学生巩固和加深对所学基础课程的理论知识理解，强化学生动手能力和分析解决实际问题的能力，加强学生实事求是、严肃认真的科学作风的培养，为学习后续专业课打下良好的基础。

《安全基础实验》课程的开设，可以满足安全工程专业、消防工程专业学生在学完相关专业主干课程后，通过实验巩固、加深和扩展对所学专业主干课程的理论知识理解，熟悉并掌握工业场所气象参数测定方法，掌握通风流场中风流点压力测定的设备及原理，熟悉有毒、有害、爆炸性气体的浓度测定仪器，掌握可燃液体的闪点和燃点测定标准及方法，掌握常见固体可燃物点着温度的测定以及聚合物氧指数的测定，熟悉水平垂直燃烧测试实验，熟悉并掌握工业噪声测量与频谱分析、颜色实验和照明工程测量、救护装备及工业卫生综合实验，熟悉电气安全综合实验操作要点，了解钢丝绳无损探伤检测实验，掌握安全人机工程综合实验以及开展煤巷掘进工作面综合防突虚拟仿真实验和大型通风机性能检测检验虚拟实验等。并鼓励学生有选择性地参加当年度的教师科研项目，在科研实验活动中锻炼动手创新能力。《安全基础实验》课程的开设目标是使得学生能够初步设计针对安全工程专业、消防工程专业的工程实践问题的解决方案，设计满足特定需求的系统、单元（部件）或工艺流程，包括设计实验、分析与解释数据并通过信息综合得到合理有效的结论。并通过基础实验课程的开设，使学生掌握与安全、消防有关的各类检测仪器、仪表、装备的性能、原理、构造和使用方法以及参数测定的操作步骤和仪器的实验室校正方法等。并应能够基于科学原理，采用科学方法对安全类专业实验问题进行研究，具有获得正确实验结果的能力。

《安全基础实验》教材是在安全基础实验讲义的基础上，经过2008～2013级六届本科生的教学实践，对原讲义中存在的问题和不足进行了修正和补充，并结合2016版本科培养方案的制订及安全工程专业认证的相关要求，大幅调整和增加了部分实验内容而来。其中，每个实验项目基本都包括了实验背景知识、实验目的、实验仪器与设备介绍、实验方法与步骤、实验数据记录、实验报告撰写要求以及实验思考等方面的内容，能够满足学生自学和独立开展开放式实验实践教学活动的需要。

本教材由中国矿业大学安全工程学院裴晓东主任、王亮教授和秦波涛教授主编完成。在编写过程中，得到了中国矿业大学安全工程学院陈开岩教授、李增华教授以及季经纬教授等的支持和帮助，在此表示衷心的感谢。在教材编写和录入过程中，还得到了研究生马伟南、王瑞雪、吕明哲等的大力协助，在此也表示感谢。

由于编者水平所限，书中疏漏之处在所难免，请读者不吝指教，以便再版时加以修正。

编　者

2017 年 10 月

目　录

实验一　工业场所气象参数测定

工业场所气象参数包括空气温度、空气湿度、大气压力、风速、风向、空气密度等，它是劳动作业环境条件的重要组成部分，上述参数的不同组合，便构成了不同的作业场所气候条件。作业场所气候条件对作业人员的身体健康和劳动安全有着重要的影响，同时也是通风流场等相关研究的重要基础参数。

一、实验目的

(1) 掌握测定工业场所各种气象参数的原理和方法，并计算出空气密度。

(2) 学习使用测定气象参数的各类仪器、仪表，熟悉它们的原理、结构及适用条件等。

二、仪器与设备

机械通风干湿表、电动通风干湿表、温湿度晴雨表、机械翼式风表、电子风表、风向风速仪、秒表、空盒气压计、水银气压计、数字气压计等。

三、实验内容

(一) 空气温度

温度是作业环境气候条件的基本参数之一。气体分子的运动是热运动，其热运动的动能大小可表示这种热运动的强弱程度，即体现出气体的冷热程度。表示这种冷热程度的参数就是温度，温度的高低用“温标”来衡量。目前国际上常用的有绝对温标(开氏温标)(T)，单位为 K；摄氏温标(t)，单位为℃。二者关系如下：

$$t = T - 273.15$$

温度是影响人体热感觉的一个最重要指标。不同的劳动状态下，舒适感温度相差可达 10 ℃以上。一般情况下，人们感到舒适的温度是 21 ℃±3 ℃。几种不同劳动条件下的舒适温度大致如下：

坐位脑力劳动(办公室、调度室)　18～24 ℃

坐位轻体力劳动(操纵台、仪表工)　18～23 ℃

站位轻体力劳动(车工、仪表检查工)　17～22 ℃

站位重体力劳动(工程安装、木匠)　15～21 ℃

很重的体力劳动(装卸工、土建工)　14～20 ℃

对于煤矿井下作业，矿内空气温度是影响矿内气候条件的重要因素。气温过高或过低，对人体都有不良的影响，同时也会对劳动生产率和劳动安全产生深远影响。最适宜的矿内空气温度是 14～20 ℃。

(二) 空气湿度

空气湿度是指空气中所含水蒸气量，表示空气中所含水蒸气量的多少或潮湿程度，表示空气湿度的方法有绝对湿度、相对湿度和含湿量三种。

(1) 绝对湿度。指单位体积或单位质量湿空气中含有水蒸气的质量,用 ρ_v 表示。其单位与密度的单位相同,其数值等于水蒸气在其分压力与温度下的密度。在温度不变的条件下,单位体积空气所能容纳的水蒸气分子数是有一定限度的,超过这一限度,多余的水蒸气就会凝结出来。这种含有最大限度水蒸气量的湿空气叫作饱和空气;其所含水蒸气量叫作饱和湿度,用 ρ_s 表示。

(2) 相对湿度。指湿空气中实际含有水蒸气量(绝对湿度 ρ_v)与同温度下的饱和湿度 ρ_s 之比的百分数,用 φ 表示。

$$\varphi = \frac{\rho_v}{\rho_s} \times 100\%$$

式中 ρ_v ——绝对湿度,kg/m^3;

ρ_s ——在同一温度下空气中的饱和湿度,kg/m^3。

相对湿度 φ 反映空气所含水蒸气量接近饱和的程度,也叫饱和度。φ 值小则空气干燥,吸收水分的能力强;$\varphi = 0$ 时为干空气。φ 值大则空气潮湿,吸收水分的能力弱;$\varphi = 1$(即100%)时为饱和空气。这样,不论气温高低,由 φ 值的大小,可直接看出其干湿程度。

生产环境中大多数情况下用相对湿度来表示空气的湿度指标。在温度舒适区,湿度的大小对热感觉的影响很小,但在高温环境中,湿度对热感觉的影响将非常明显,湿度增大将限制人体水分的蒸发,会使人感到闷热。而在低温环境中,现场调查表明,"湿冷"比"干冷"更加令人不舒适。

(三) 大气压力

环绕地球的空气层对单位地球表面形成的压力称为大气压力(或湿空气总压力)。空气的压力也称为空气的静压,用符号 p 表示。它是空气分子热运动对器壁碰撞的宏观表现。空气压力的大小可以用专用仪表测定。压力的单位为 Pa(帕斯卡,$1\ Pa = 1\ N/m^2$)。

(四) 风速

空气流动的速度称为风流速度,简称风速,以单位时间内流经的距离表示,单位为 m/s。

当空气流经人体时,会强化人体表面对流和蒸发散热的能力。其作用大小取决于风速及皮肤与空气的温差。当二者之间温差(皮肤温度－空气温度)较大时,对人体的"冷却"效果几乎与风速的平方成正比,但当空气温度接近皮肤温度时,风速变化所产生的"冷却"效果则迅速减弱。虽然加大风速可以补偿温度的升高所产生的热感觉,但在生产和工作环境中,过高的风速会带来其他方面的干扰而使人们难以接受,所以舒适的风速不宜超过 0.5 m/s,即使气温较高时,也不宜超过 1 m/s。

我国《工业建筑供暖通风与空气调节设计规范》(GB 50019—2015)中规定的舒适性空气调节室内设计参数见表 1-1。

表 1-1　　适宜的温度、湿度和风速表

参　数	冬季	夏季
温度/℃	18～24	25～28
风速/(m/s)	≤0.2	≤0.3
相对湿度/%	—	40～70

四、实验测定

（一）温度、湿度的测定

空气温度、湿度的测定通常采用干湿温度计。干湿温度计有固定式、手摇式和风扇式3种，其原理相同。固定式在地面使用，井下常用后两种。

1. 手摇式干湿温度计测定

手摇式干湿温度计是将两支构造相同的普通温度计装在一个金属框架上，为了加以区分，其中一个称为干温度计，另一个用湿纱布包裹，称为湿温度计。测定时手握摇把，以120～150 r/min的速度旋转1～2 min。由于湿纱布水分蒸发，吸收了热量，使湿温度计的指示数值下降，与干温度计之间形成一个差值。根据干、湿温度计显示的读数差值和干温度计的指示数值，查干湿温度与相对湿度的关系表，如表1-2所列，即可求得相对湿度。

表1-2　　干湿温度与相对湿度的关系表

干温度计读数/℃	干、湿温度计读数差/℃								干温度计读数/℃	干、湿温度计读数差/℃							
	0	1	2	3	4	5	6	7		0	1	2	3	4	5	6	7
	相对湿度/%									相对湿度/%							
0	100	81	63	46	28	12	—	—	18	100	90	80	72	63	55	48	41
5	100	86	71	58	43	31	17	4	19	100	91	81	72	64	57	50	41
6	100	86	72	59	46	33	21	8	20	100	91	81	73	65	58	50	42
7	100	87	74	60	48	36	24	14	21	100	91	82	74	66	58	50	44
8	100	87	74	62	50	39	27	16	22	100	91	82	74	66	58	51	45
9	100	88	75	63	52	41	30	19	23	100	91	83	75	67	59	52	46
10	100	88	77	64	53	43	32	22	24	100	91	84	75	67	59	53	47
11	100	88	79	65	55	45	35	25	25	100	92	84	76	68	60	54	48
12	100	89	79	67	57	47	37	27	26	100	92	84	76	69	62	55	50
13	100	89	79	68	58	49	39	30	27	100	92	84	77	69	62	56	51
14	100	89	79	69	59	50	41	32	28	100	92	85	77	70	64	57	52
15	100	90	80	70	61	51	43	34	29	100	92	85	78	71	65	58	53
16	100	90	80	70	61	53	45	37	30	100			79	72	66	59	53
17	100	90	80	71	62	55	47	40									

2. 风扇干湿温度计测定

（1）构造与原理

风扇干湿温度计又称通风干湿表，其结构如图1-1所示。在干湿球温度计的球部罩有外表光亮的双层金属护管，该风管与上部靠弹簧作用转动的小风扇相连，使空气以一定的风速自风管下端进入，流过干湿球温度计球部并从上部小风扇处排出。因此，风扇干湿温度计能消除外界风速变化所产生的影响，并同时能防止辐射热的作用。用它来测定干温度、湿温度和相对湿度，结果准确性较高，因此在工矿企业现场普遍使用。

（2）注意事项

① 在测定时，为了保证准确性，应尽可能快地读数，并应避免对着温度计急速呼吸。

② 包裹湿球温度计的纱布力求松软，并有良好吸水性，纱布要经常保持清洁。在测定前必须将纱布湿润。在使用干湿温度计测定时，应将小风扇弹簧上紧，等到小风扇运转 3～4 min 后再进行读数。

③ 纱布未浸水前，湿球温度计与干球温度计的读数差值不应太大，一般测定的允许差值为 0.1 ℃，太大时将影响相对湿度的测定准确性。

测算空气湿度时，先测出相对湿度，再算出绝对湿度。

根据从温度计上分别读出的干温度 $t_{干}$ 和湿温度 $t_{湿}$ 查气象常用表即可得到相对湿度值 φ。

绝对湿度可用下式计算：

$$\rho_v = \varphi F_{饱}$$

式中 ρ_v——绝对湿度，g/m^3；

φ——相对湿度，%；

$F_{饱}$——同一温度下的饱和水蒸气量，g/m^3。

（二）大气压力测定

1. 使用水银气压计测定

（1）仪器结构

常用的水银气压计有动槽式和定槽式两种。动槽式水银气压计（图 1-2）的主要部件是一根倒置于可动水银槽内的玻璃管，管的上端水银面上是真空的，槽内液面则通向大气，所以玻璃管内的水银柱高度就表示了大气压力，单位为 mmHg（1 mmHg＝133.322 Pa，全书

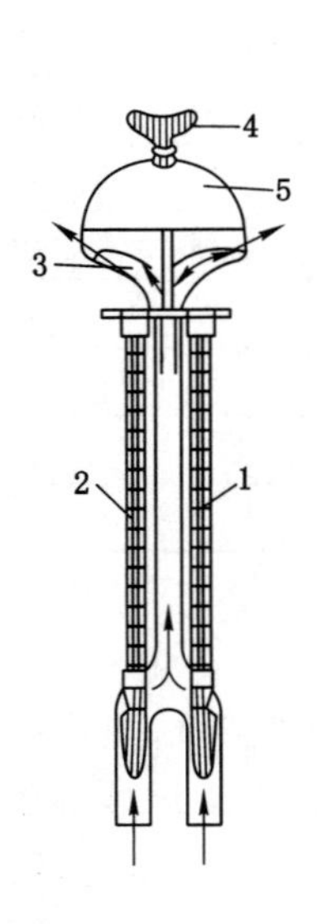

图 1-1 风扇干湿温度计结构图

1——湿温度计；2——干温度计；3——风扇；4——钥匙；5——风扇弹簧

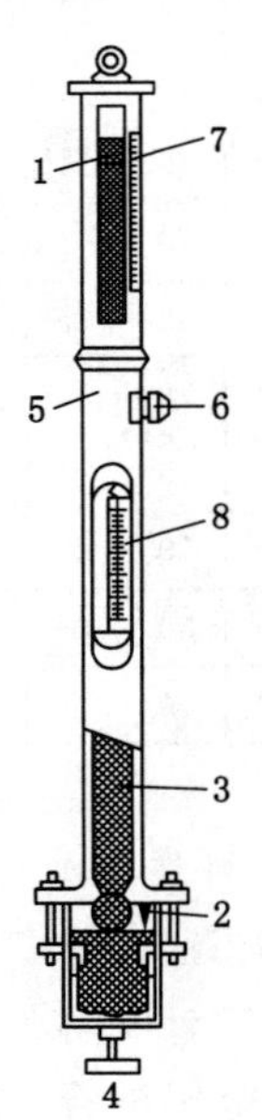

图 1-2 动槽式水银气压计

1——游标；2——象牙指针；3——水银；4——底部调节螺丝；5——水银槽；6——中部调节螺丝；7——刻度尺；8——温度计

同)或 mbar(1 mbar=100 Pa,全书同)。

(2) 测定原理

动槽水银气压计的测定原理是将一根顶端抽成真空的玻璃管插入水银槽内,在大气压力的作用下,涌入玻璃管内的水银柱将保持一定的高度,此时,水银柱对水银槽表面产生的压力与作用于槽面的大气压力相平衡。用竖立的标尺对水银柱的高度加以测量,即可求得大气压力值。因为刻度尺是金属的,热胀冷缩,所以还需进行读值的校正。校正方法是:由水银柱上的温度计读出测定时的温度,从表 1-3 中查出温度校正值 $p_{校}$,则实际的大气压值为 $p=p_{读}+p_{校}$。

表 1-3　　水银气压计温度修正值($p_{校}$)

温度/℃	水银气压计读数($p_{读}$)/mmHg				
	740	750	760	770	780
10	−1.21	−1.22	−1.24	−1.26	−1.27
15	−1.81	−1.83	−1.86	−1.89	−1.91
20	−2.41	−2.44	−2.48	−2.51	−2.54
25	−3.01	−3.05	−3.09	−3.13	−3.17
30	−3.61	−3.66	−3.71	−3.75	−3.80

定槽式水银气压计的下部水银槽是固定不动的,除不必调节槽内液面高低外,其余使用方法和动槽式水银气压计相同。

(3) 测定方法

① 取出水银气压计,使之垂直悬挂。

② 调底部螺丝,使水银液面与象牙指针正好相触。

③ 移动游标,正好与水银液面相切。

④ 根据游标对准刻度尺,读数。

⑤ 读取温度。

⑥ 根据温度和 $p_{读}$ 查表 1-3 得出校正气压 $p_{校}$,按公式 $p=p_{读}+p_{校}$ 就可算出此时的大气压力。

(4) 注意事项

① 仪器应垂直悬挂,并且要牢固,防止脱落。

② 读数时应平视。

2. 使用空盒气压计测定

(1) 仪器结构

空盒气压计是用来测量绝对压力的一种仪器,其外形结构如图 1-3 所示。

(2) 测定原理

其原理是以随大气压力变化而产生轴向移动的真空膜盒作为感应元件,通过拉杆和传动机构带动指针,指示出当时某测点的绝对静压值。当大气压力增大时,膜盒被压缩,通过传动机构使指针按顺时针方向偏转一定角度;当大气压力减小时,膜盒就膨胀,通过传动机构使指针按逆时针方向偏转一定角度。根据指针在刻度盘上的位置,便可直接读出压力值。

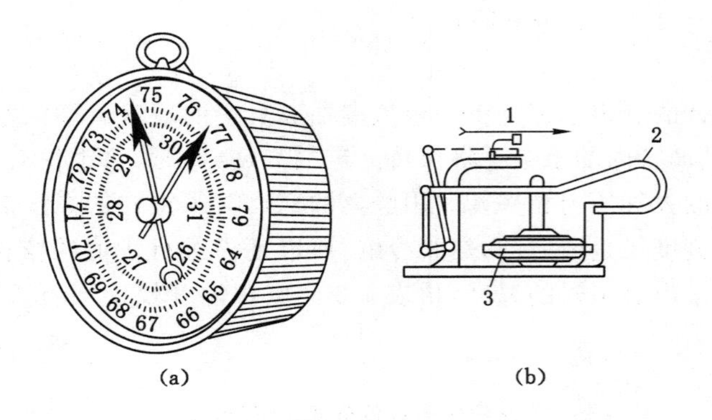

图 1-3　空盒气压计

(a) 外观;(b) 构造

1——指针;2——弹簧;3——真空膜盒

(3) 测定方法

① 将空盒气压计放到测定地点,水平放置。

② 用手指轻轻敲击盒面数次,以消除指针的蠕动现象。

③ 等待几分钟后再读数。

④ 读值应根据仪器附带的检定证书进行刻度、温度和补充校正。

⑤ 校正后的值即是所测的当时当地大气压力。

(4) 注意事项

① 为了克服传动机构中的摩擦,读数前应轻敲仪器外壳或玻璃。

② 空盒气压计必须水平放置,读数时,观察者的视线必须垂直于指针的摆动平面,避免人为读数误差。

③ 每只空盒气压计必须用它自己检定证书上的订正表订正,不能混用。

(三) 风速测定

1. 测风仪表种类

目前,常用的风表按结构和原理不同可分为机械式、热效式、电子叶轮式和超声波式等几种。

(1) 机械式风表

机械式风表是目前煤矿使用最广泛的风表。它全部采用机械结构,多用于测量平均风速,也可以用于测定点风速。按其感受风力部件的形状不同,又分为叶轮式和杯式两种,叶轮式在煤矿中应用最为广泛。

机械叶轮式风表由叶轮、传动蜗轮、蜗杆、计数器、回零压杆、离合闸板、护壳等构成,如图 1-4 所示。

这种风表的叶轮由 8 个铝合金叶片组成,叶片与转轴的垂直平面成一定的角度,当风流吹动叶轮时,通过传动机构将运动传给计数器 3,指示出叶轮的转速。离合闸板 4 的作用是使计数器与叶轮轴连接或分开,用来开关计数器。回零压杆 5 的作用是能够使风表的表针回零。

这种风表按风速的测量范围不同分为高速风表(0.8～25 m/s)、中速风表(0.5～10

m/s)和微(低)速风表(0.3～5 m/s)三种。三种风表的结构大致相同,只是叶片的厚度不同,启动风速有差异。

由于风表结构和使用中出现的机件磨损、腐蚀等影响,通常风表的计数器所指示的风速并不是实际风速,表速(指示风速)$v_{表}$与实际风速(真风速)$v_{真}$的关系可用风表校正曲线来表示。风表出厂时都附有该风表的校正曲线,风表使用一段时间后,还必须按规定重新进行检修和校正,得出新的风表校正曲线。如图 1-5 所示即为风表校正曲线。

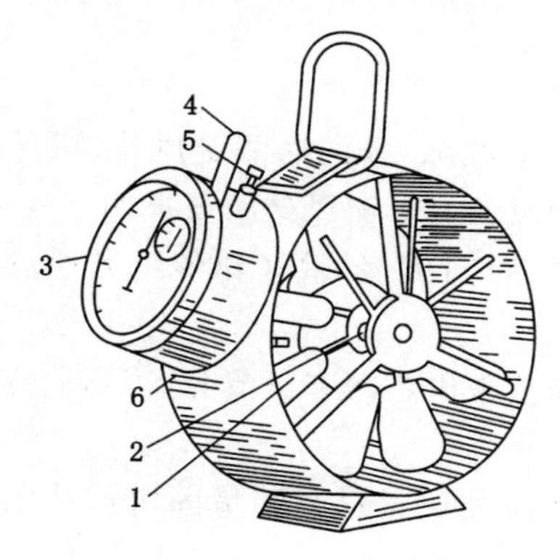

图 1-4　机械叶轮式风表

1——叶轮;2——蜗杆轴;3——计数器;
4——离合闸板;5——回零压杆;6——护壳

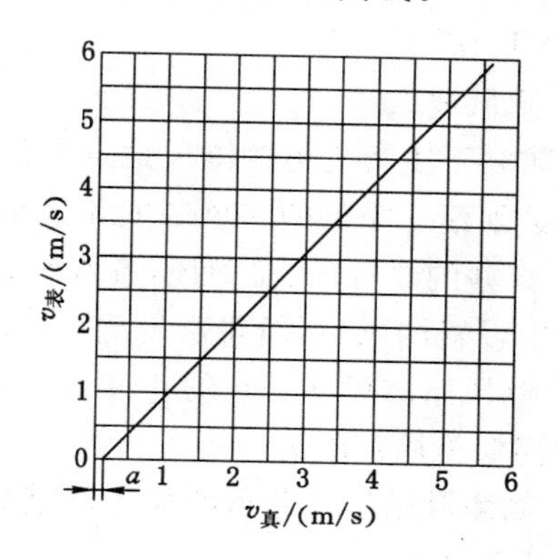

图 1-5　风表校正曲线示意图

风表的校正曲线还可用下面的表达式来表示:

$$v_{真} = a + bv_{表}$$

式中　$v_{真}$——真风速,m/s;

a——表明风表启动初速的常数,决定于风表转动部件的惯性和摩擦力;

b——校正常数,决定于风表的构造尺寸;

$v_{表}$——风表的指示风速,m/s 或格/min。

目前我国生产和使用的机械叶轮式风表主要有 DFA-2 型(中速)、DFA-3 型(微速)、DFA-4 型(高速)、AFC-121(中、高速)、EM9(中速)等。机械叶轮式风表的特点是体积小、质量轻、重复性好、使用及携带方便、测定结果不受气体环境影响;缺点是精度低、读数不直观,不能满足自动化遥测的需要。

(2) 热效式风表

热效式风表测风原理是:一个被加热的物体置于风流中,其温度随风速大小和散热多少而变化,通过测量物体在风流中的温度便可测量风速。

由于只能测瞬时风速,且测风环境中的灰尘及空气湿度等对它也有一定的影响,所以这种风表使用不太广泛,多用于微风测量。

(3) 电子叶轮式风表

电子叶轮式风表由机械结构的叶轮和数据处理显示器组成。它的测定原理是:叶轮在风流的作用下旋转,转速与风速成正比,利用叶轮上安装的一些附件,根据光电、电感等原理把叶轮的转速转变成电量,利用电子线路实现风速的自动记录和数字显示。它的特点是读数和携带方便,易于实现遥测。如 MSF-1 型风速计就是利用电感变换元件的电子叶轮式风速计。

(4) 超声波风速计

超声波风速计是利用超声波技术,通过测量气流的卡曼涡街频率来测定风速的仪器,目前主要用于集中监控系统中的风速传感器。它的特点是结构简单,寿命长,性能稳定,不受风流的影响,精度高,风速测量范围大。

2. 风表测风方法及步骤

(1) 机械式风表

① 测风地点

煤矿井下主要巷道的测风地点为井下测风站。为了准确、全面地测定风速、风量,每个矿井都必须建立完善的测风制度和分布合理的固定测风站。对测风站的要求如下:

a. 矿井的总进风、总回风,各水平、各翼的总进风、总回风,各采区和各用风地点的进、回风巷中设置测风站,但要避免重复设置。

b. 测风站应设在平直的巷道中,其前、后各 10 m 范围内不得有风流分叉、断面变化、障碍物和拐弯等局部阻力。

c. 如测风站位于巷道断面不规整处,其四壁应使用其他材料衬壁呈固定形状断面,长度不得小于 4 m。

d. 工作面不设固定的测风站,但必须随工作面的推进选择支护完好、前后无局部阻力物的断面上测风。

e. 测风站内应悬挂测风记录板(牌),记录板上写明测风站的断面积、平均风速、风量、空气温度、大气压力、瓦斯和二氧化碳浓度、测定日期及测定人等项目。

② 测风方法

为了测得平均风速,可采用线路法或定点法。

线路法是风表按一定的线路均匀移动,如图 1-6 所示;定点法是将巷道断面分为若干格,风表在每一个格内停留相等的时间进行测定,如图 1-7 所示,根据断面大小,常用的有 9 点法和 12 点法等。

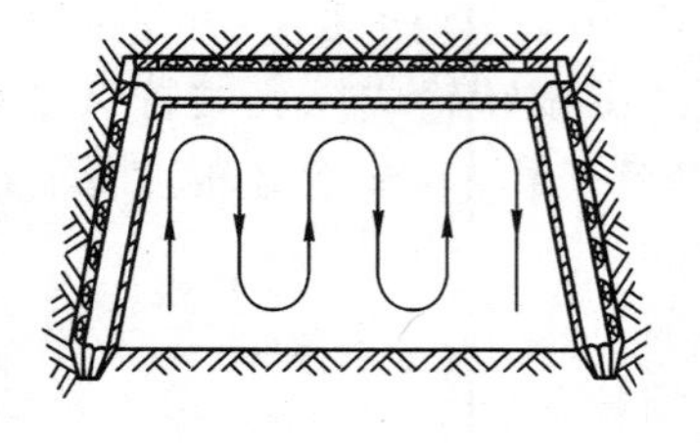

图 1-6 线路法测风

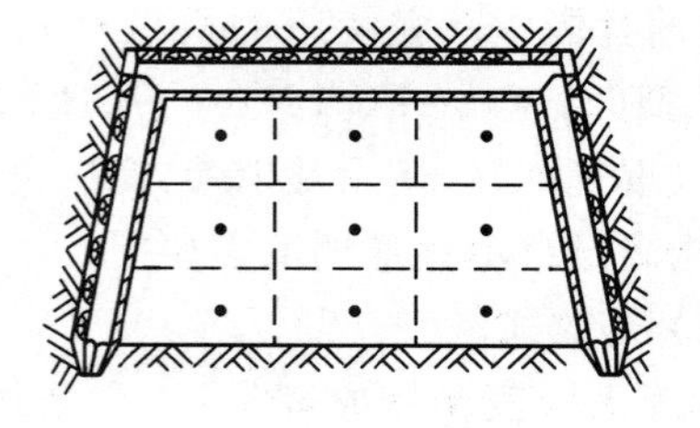

图 1-7 定点法测风

测风时,根据测风员的站立姿势不同又分为迎面法和侧身法两种。

迎面法是测风员面向风流,将手臂伸向前方测风。由于测风断面位于人体前方,且人体阻挡了风流,使风表的读数值偏小,因而为了消除人体的影响,需将测得的风速乘以校正系数才能得到实际风速。

侧身法是测风员背向巷道壁站立,手持风表将手臂向风流垂直方向伸直,然后在巷道断面内做均匀移动。由于测风员立于测风断面内减少了通风面积,从而增大了风速,测量结果较实际风速偏大，故需对测得的风速进行校正。校正系数由下式计算：

$$K = \frac{S - 0.4}{S}$$

式中　S——测风站的断面积，m^2；

0.4——测风员阻挡风流的面积，m^2。

③ 测风步骤

a. 测风员进入测风站或待测巷道中，先估测风速范围，然后选用相应量程的风表。

b. 取出风表和秒表，先将风表指针和秒表回零，然后使风表叶轮平面迎向风流，并与风流方向垂直，待叶轮转动正常后（20～30 s），同时打开风表的计数器开关和秒表，在1 min 内，风表要均匀地走完测量路线（或测量点），然后同时关闭秒表和计数器开关，读取风表指针读数。为保证测定准确，一般在同一地点要测量 3 次，取其平均值，并按下式计算表速：

$$v_{表} = \frac{n}{t}$$

式中　$v_{表}$——风表测得的表速，m/s 或格/s；

n——风表刻度盘的读数，取 3 次平均值，m/min 或格/min；

t——测风时间，一般为 60 s。

c. 根据表速查风表校正曲线，求出真风速 $v_{真}$。

d. 再根据测风员的站立姿势，将真风速乘以校正系数 K 得到实际平均风速 $v_{均}$，即：

$$v_{均} = Kv_{真}$$

e. 根据测得的平均风速和测风站的断面积，按下式计算巷道通过的风量：

$$Q = v_{均} S$$

式中　Q——测风巷道通过的风量，m^3/s；

S——测风站的断面积，m^2。

常见巷道形式的断面积可按下列公式测算：

矩形和梯形巷道：

$$S = HB$$

三心拱巷道：

$$S = B(H - 0.07B)$$

半圆拱巷道：

$$S = B(H - 0.11B)$$

不规则巷道：

$$S = 0.85HB$$

式中　H——巷道全高，m；

B——矩形和梯形巷道为半高处宽度，三心拱、半圆拱巷道为净宽，不规则巷道为腰线长度，m。

④ 注意事项

a. 风表的测量范围要与所测风速相适应，避免风速过高、过低造成风表损坏或测量不准。当风速大于 10 m/s 时，应选用高速风表；当风速为 0.5～10 m/s 时，应选用中速风表；

当风速小于 0.5 m/s 时，要选用低速风表。

b. 风表不能距离人体和巷道壁太近，否则会引起较大误差。

c. 风表叶轮平面要与风流方向垂直，偏角不得超过 10°，在倾斜巷道中测风时尤其要注意。

d. 按线路法测风时，路线分布要合理，风表的移动速度要均匀，防止忽快忽慢，造成读数偏差。如果风表在巷道中心部位停留的时间长，则测量结果较实际风速偏高；反之，测量结果较实际风速偏低。

e. 秒表和风表的开关要同步，确保在 1 min 内测完全部线路（或测点）。

f. 有车辆或行人时，要等其通过后风流稳定时再测；风门开启和关闭时都不能测风。

g. 同一断面测定 3 次，3 次测得的计数器读数之差不应超过 5%，然后取其平均值。

h. 在没有测风站的巷道中测风时，要选择一段巷道没有漏风、支架齐全、断面规整的直线段巷道进行测风。

i. 在大断面巷道测风时，为了精确测出通过巷道的平均风速，应使用测风杆。

(2) QDF 型热球式电子风速计

热效式风速计按其原理不同分为热线式、热敏电阻式和热球式 3 种。国内生产的 QDF 型热球式电子风速计有 3 种型号：QDF-2A 型测速范围为 0.05～10 m/s，QDF-2B 型测速范围为 0.05～5 m/s，QDF-3 型测速范围为 0.05～30 m/s。

① 构造及原理

QDF 型热球式电子风速计的构造如图 1-8 所示。它由测杆和测量仪两部分组成。测杆的头部有一个直径约 0.6 mm 的玻璃球，球内绕有加热的镍铬丝绒圈和两个串联的热电偶。热电偶的冷端连接在磷钢质的支柱上，直接暴露在气流中，当一定大小的电流通过加热圈后，玻璃球的温度升高，其升高的程度与风流的速度有关。经研究发现，顶部玻璃球温度升高程度的大小可通过热电偶在电表上指示出来，因此在校正后可用电表读数来表示风流的速度。

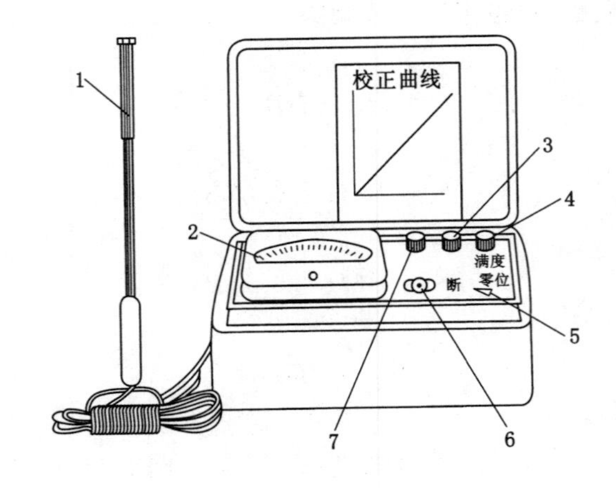

图 1-8 QDF 型热球式电子风速计

1——测杆；2——电表；3——零位粗调旋钮；4——零位细调旋钮；5——校正开关；6——测杆插座；7——满度调节旋钮

② 风速测定操作方法

a. 首先观察电表指针是否指示于零点，如有偏移可轻轻调整电表上的机械调零螺丝，使指针回到零点。

b. 将“校正开关”置于“断”的位置。

c. 将测杆插头插入插座，测杆垂直向上放置，螺塞压紧使测头密封，“校正开关”置于“满度”位置，慢慢调整“满度调节”旋钮，使电表指在满刻度的位置。

d. 将“校正开关”置于“零位”位置，慢慢调整“粗调”、“细调”两个旋钮，使电表指在零点位置。

e. 经过以上步骤后，轻轻拉动螺塞使测杆的测头露出(长短可根据需要选择)，使测头上的红点面对风向，从电表上读出风速的大小，根据电表的读数，查阅校正曲线即可得出被测的风速值。

f. 在测定完成 10 min 左右以后，必须要重复以上 c 和 d 步骤一次，以使仪表内的电流得到标准化处理。

③ 注意事项

测定完毕后，要将“校正开关”置于“断”的位置，以免浪费电池。该仪器内装有 4 节电池，分成两组，一组是 3 节电池串联的，一组为单节的。在调整“满度调节”旋钮时，如果电表不能达到满度，说明单节电池已枯竭。在调整“粗调”、“细调”旋钮时，如果电表指针不能回到零点，说明 3 节串联电池已枯竭，应该更换。如仪器或测杆有损失，经修复后必须重新校正。在正常使用条件下，温度在－15～55 ℃之间，相对湿度不大于 85％时，其指示误差不大于被测量值的 20％。

该风速计测风的优点是操作方便，且易于求得小断面或空间某一点的风速；缺点是容易损坏，灰尘和湿度对它都有一定的影响。因此，该类型设备在井下使用受到一定限制，一般仅用于矫正机械翼式微风表使用。

(3) CMe-1 型电子风速仪

CMe-1 型电子风速仪是针对煤矿井下通风测量专门设计的仪器，属于矿用本质安全型，适用于爆炸性甲烷气体与煤尘环境中、井筒与巷道内，也适用于其他方面的风速测量。

① 仪器特性及技术指标

该风速仪量程宽，数码显示实际风速值，体积小、质量轻，使用方便，可随身携带；耐用性强、性能可靠，并具有低电压指示功能和自动关机功能；有每秒即时风速值、每分钟平均风速值、每分钟平均风速值换算成秒风速值 3 种显示功能，具有风叶轮平衡性好、灵敏度高、能随气流自由旋转的特点；低摩擦因数的轴承保证了风速的准确度。

② 测定方法

a. 按“启动”开关，显示为每秒即时风速值。

b. 按“启动”开关，再按“m/min”开关，测量 1 min 平均风速值。1 min 定时指示灯亮测量完毕。

c. 按“m/s”开关，将 1 min 平均风速值换算成“m/s”风速值，但必须在 1 min 平均风速测量结束后方能按此开关显示。读数时间为 20 s，20 s 后自动关机，所以读数应在 20 s 内完成。

③ 注意事项

a. 尽管该风速仪通过了各种环境(如冲击、跌落)的试验,但亦应注意防止与硬物碰撞或跌落。

b. 风速仪使用周期为 6 个月,过期应进行检修和校验后再进行使用。

c. 如更换电池时,必须在井上安全地点处进行更换。

d. 在维护时,不得随意更改电路元器件规格、型号、参数。当风速仪出现问题时,不要自行拆卸。

3. 风速传感器及其井下测量安装

风速传感器是将风速转化为电信号的仪器,常用的风速传感器有超声波涡街式风速传感器、超声波时差法风速传感器、热效式风速传感器等。

采区回风巷、一翼回风巷、总回风巷的测风站应设置风速传感器。风速传感器应设置在巷道前后 10 m 内无分支风流、无拐弯、无障碍、断面无变化、能准确计算风量的地点。当风速低于或超过《煤矿安全规程》的规定值时,应能发出声、光报警信号。

五、密度计算

空气密度是指在一定的温度和压力下,单位体积空气所具有的质量。在标准条件下[0 ℃,1 个标准大气压($1.013\,25\times10^5$ Pa)],空气密度约为 1.29 kg/m³。

通过前面有关大气参数的相关实验测定,我们得到了作业场所风流的干温度、湿温度、相对湿度、大气压力等数值,即可精确计算出风流的密度值。

由气体状态方程和道尔顿分压定律导出的湿空气密度计算公式为:

$$\rho=\frac{0.003\,484(p-0.379\varphi p_{\mathrm{b}})}{273.15+t}$$

式中 ρ——空气密度,kg/m³;

p——测点处空气的绝对静压,Pa;

t——测点处空气的干温度,℃;

φ——空气的相对湿度,%;

p_{b}——空气在 t 温度下的饱和水蒸气压力,Pa。

六、实验注意事项

(1) 实验之前,必须认真做好预习工作,明确本次实验的目的、任务和要求等。

(2) 本次实验所用仪器大多是精密、易损仪器,应特别注意爱护。

(3) 实验完毕后,将所测数据送交有关实验教师和实验技术人员检查无误后,方可离开实验室。

七、实验报告要求

(1) 实验目的、意义及仪器仪表介绍。

(2) 实验原理及测试过程。

(3) 实验测定数据的记录。

(4) 处理实验数据,得到相对湿度、风表校正曲线以及密度值。

(5) 实验总结(表 1-4、表 1-5)。

表 1-4 **温度和湿度测定记录表**

测定次数	干球温度/℃	湿球温度/℃	相对湿度/%	备注

表 1-5 **大气压测定记录表**

水银气压计读数/hPa	数字气压计读数/hPa	空盒气压计读数/mmHg				
		读 数	刻度订正值	温度订正值	补充订正值	实际气压

对三种气压计读数进行单位换算并相互验证,分析误差原因。

实验二　风流点压力测定

风流的点压力是指测点的单位体积(1 m^3)空气所具有的压力。在井巷和通风管道风流中某个点的压力,就其形成的特征来说,可分为静压、动压和全压(风流中某一点的静压和动压之和称为全压)。根据压力的两种计算基准,某点 i 的静压又分为绝对静压(p_i)和相对静压(h_i);全压也分为绝对全压(p_{ti})和相对全压(h_{ti})。静压作用在各个方向。流动着的空气除静压外还有动压,动压的作用方向与风流方向一致,因而只有与风流方向相垂直的面上才能感受动压,动压无绝对和相对之分,静压和动压的共同作用构成了全压,全压的作用方向与动压的作用方向相同。

风流点压力是表征通风流场的主要参数之一,在研究通风流场相关内容时必须准确、快速地将其测量出。测定风流点压力的常用仪器是压差计和皮托管。本实验的目的即为学习和掌握常用通风流场测压仪器的原理和使用,并在不同通风方式下,实现对流场中全压值、静压值和动压值的测量及其相互关系的理解。

一、仪器与设备

(1) 通风网络系统综合实验装置,如图 2-1 所示。

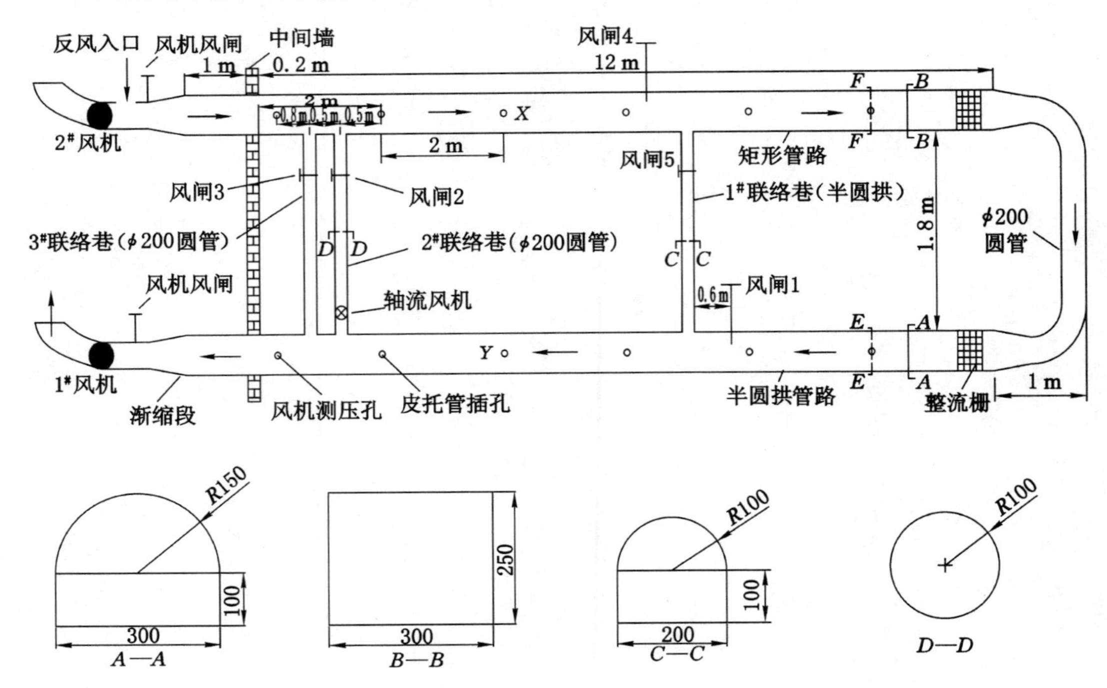

图 2-1　通风网络系统综合实验装置

(2) 差压计、皮托管、气压计、三通管等。

二、实验背景知识

(一) 空气压力的分类

根据测算压力的基准不同,空气压力可分为绝对压力和相对压力。

1. 绝对压力

绝对压力是指以真空为基准测算的压力。由于以真空为零点,所以绝对压力总是正值。图 2-2 所示中的 p_A、p_B、p_0都表示绝对压力。

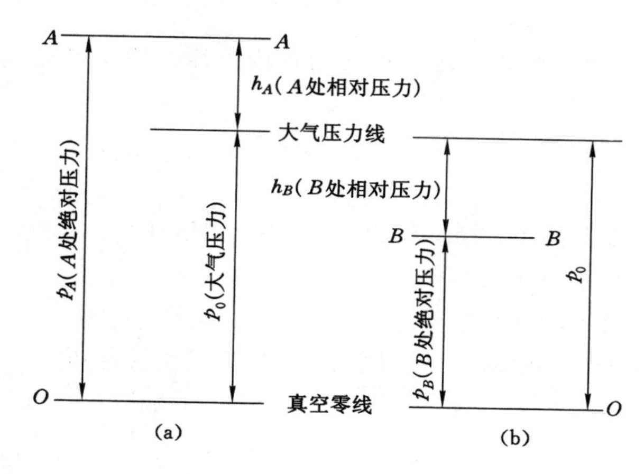

图 2-2　绝对压力、相对压力和大气压力的关系

(a) 压入式通风;(b) 抽出式通风

2. 相对压力

相对压力是以与当地同标高的大气压力为基准测算的压力,其数值大小是表示某一空间或容器中的压力高于或低于当地大气压力的差值。相对压力一般用小写字母 h 表示,图 2-2 中的 h_A、h_B都表示相对压力。

相对压力有正压和负压之分。高于当地同标高大气压力的称为正压,低于当地同标高大气压力的称为负压。例如,当矿井采用压入式通风时,井下空气压力高于当地同标高的大气压力,称为正压,所以压入式通风又叫正压通风;当矿井采用抽出式通风时,井下空气压力低于当地同标高的大气压力,称为负压,因此,抽出式通风又叫负压通风。

3. 绝对压力与相对压力关系式

当绝对压力不变时,相对压力将随当地大气压力的变化而改变。相对压力实质上是一种压差。某点 A 的相对压力 h_A 就是该点的绝对压力 p_A 与该点同标高的大气压力 p_0之差,即:

$$h_A = p_A - p_0$$

当计算结果为正值时,说明该点的压力高于当地同标高的大气压力,为正压;反之,计算结果为负值时,则说明该点的压力低于当地同标高的大气压力,为负压。

(二) 矿井风流能量与压力的关系

1. 单位体积空气的能量与压力的关系

从物理学中知道,能量就是物体所具有的做功的本领,单位体积空气所具有的能量可用其做功的大小来度量，而单位体积空气所做的功（$N \cdot m/m^3$）与空气压力（N/m^2）具有同等度量单位。虽然能量与压力是两个不同的物理量，但是风流中任一断面上的能量是用该断面上的压力来体现的，也就是说，压力是能量的一种等效表示值。

2. 风流断面上能量与压力的关系

井巷风流中任一断面上单位体积空气对某基准面所具有的能量有3种，即静压能、动压能和位能，而这3种能量一般又分别用静压、动压和位压3种压力来表示。

（1）静压

① 静压的概念

空气分子对容器壁单位面积上施加的压力称为静压。静压是空气分子热运动作用的结果。静压是静压能的等效表示值，即：

$$E_{静} = p_{静}$$

② 静压的特点

a. 某点的静压强度在各个方向上是相等的（各向同值性）。

b. 静压的作用方向垂直于容器壁。

c. 不论空气流动与否均存在静压。

d. 静压又分相对静压和绝对静压。地表大气压力是绝对静压。

（2）动压

① 动压的概念

风流做定向流动时，其动能所呈现的压力称为动压或速压。动压是动能的等效表示值，根据1 m^3空气流动时具有的动能，可以导出风流动压的计算公式。

设1 m^3空气其质量为m，风流流动速度为v，其动能为：

$$E_{动} = \frac{1}{2}mv^2$$

因为单位体积（1 m^3）空气的质量m就是空气的密度ρ，则用ρ代替上式中的m即得动压的计算式为：

$$p_{动} = \frac{1}{2}\rho v^2$$

式中　v——某断面的平均风速，m/s；

ρ——空气密度，kg/m^3。

② 动压的特点

a. 动压仅对与风流方向垂直或具有一定角度的平面施加压力，其作用方向与风流方向一致。

b. 动压的大小与速度的平方成正比。

c. 动压永为正值，没有相对动压和绝对动压的概念。

（3）位压

① 位压的概念

因空气位置高度不同而产生的压力称为位压，也就是其断面与基准面之间空气柱的质量在单位面积上所产生的压力。位压也是单位体积空气位能的等效表示值。根据1 m^3空气距离基准面的高度为Z时所具有的位能，可以导出风流位压计算公式。

设 1 m^3 空气的质量为 m，距离基准面的高度为 Z，其位能为：

$$E_{位} = mgZ$$

同理，用 ρ 代替式中的 m，则得单位体积空气的位能表现为位压时的计算公式如下：

$$p_{位} = \rho gZ$$

式中　Z——单位体积空气距离基准面的垂高，m；

g——重力加速度，m/s^2。

② 位压的特点

a. 位压的大小是相对的，与基准面选取有关，且位压可为正值，也可为负值。如图 2-3 所示，如基准面设在井底Ⅱ—Ⅱ断面，则井口Ⅰ—Ⅰ断面对井底Ⅱ—Ⅱ断面的位压为 $+Z\rho g$；如基准面设在井口Ⅰ—Ⅰ断面，则井底Ⅱ—Ⅱ断面对井口Ⅰ—Ⅰ断面的位压为 $-Z\rho g$。位压的绝对值与 Z、ρ 成正比。

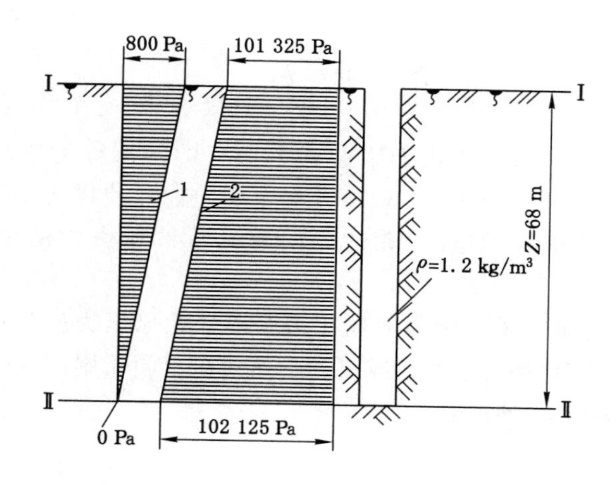

图 2-3　独头立井位压与静压的分布规律

1——位压变化线；2——静压变化线

b. 位压不能测定，只能通过计算来表示。如Ⅰ—Ⅰ断面对Ⅱ—Ⅱ断面的位压为 $Z\rho g = 68 \times 1.2 \times 9.8 = 800$ Pa，可是用气压计在井口测量其静压为 101 325 Pa（760 mmHg），此值为地表大气压力值，并不显现位压 $Z\rho g$ 值。而在井底Ⅱ—Ⅱ断面处，位压为 0，测量其静压为 102 125 Pa。当Ⅰ—Ⅰ断面逐渐向下移动时，它相对于Ⅱ—Ⅱ断面的位压逐渐变小，而其静压逐渐变大；当Ⅰ—Ⅰ断面与Ⅱ—Ⅱ断面重合时，其相对位压由 800 Pa 降为零，而静压由 101 325 Pa 增加为 101 325＋800＝102 125 Pa。这种关系可以说明井底静压比井口静压大。空气为什么不从井底向井口移动？这是因为井口Ⅰ—Ⅰ断面与井底Ⅱ—Ⅱ断面的势压（静压与位压之和叫势压）相等，因此空气并不流动。这就是静止空气压力的分布规律。

c. 不论空气流动与否，上断面对下断面的位压总是存在且为正值。

3. 全压和总压力的概念

(1) 全压

全压指静压和动压的综合作用。全压又分为绝对全压和相对全压。

① 绝对全压

某点的绝对全压等于该点的绝对静压与动压之和，即：

$$p_{全}=p_{静}+p_{动}$$

② 相对全压

某点的相对全压等于该点相对静压与动压之和，即：

$$h_{全}=h_{静}+h_{动}$$

对于压入式通风：

$$h_{全}=h_{静}+h_{动}$$

对于抽出式通风：

$$|h_{全}|=|h_{静}|-h_{动}$$

(2) 总压力

井巷中任一断面的静压、动压和位压之和称为该断面的总压力，总压力永为正值。其表达式为：

$$p_{总}=p_{静}+p_{动}+p_{位}$$

(3) 压差与通风压力

风流在流动过程中，因阻力作用而引起通风压力的降低称为压降、压差或压力损失。压差可表现为总压差、静压差、动压差、位压差和全压差。井巷风流中两断面之间的总压差是造成空气流动的根本原因，空气流动的方向总是从总压力大的地点流向总压力小的地点。

井巷内空气借以流动的压力称为通风压力。矿井通风压力就是进风井口断面与出风井口断面的总压力之差，它是由主要通风机和自然风压共同作用造成的。

三、实验测量方法及仪器使用

(一) 绝对压力的测定

1. 仪器设备及绝对压力的测量

常用的仪器设备有水银气压计、空盒气压计、数字气压计等。可以直接测量得出绝对压力数值。

2. 动压的测定

方法一：用风表测算某测点的风速（或某断面的平均风速），根据公式 $p_{动}=\frac{1}{2}\rho v^2$ 即求得该点的动压或该断面的平均动压值。

方法二：用皮托管和压差计直接测得动压（$p_{动}$）的大小，详见后文中有关相对压力的测量方法。

3. 绝对全压的计算

绝对全压不得直接测定，只能根据测量得到的绝对静压和动压按下式计算：

$$p_{全}=p_{静}+p_{动}$$

4. 位压的计算

位压也不能用仪器直接测得。某风流断面相对某基准面的位压，可通过测量该断面与基准面的标高差 Z 和该断面与基准面之间的空气柱的平均空气密度，按下式计算：

$$p_{位}=\rho g Z$$

（二）相对压力的测定

测定通风管网或井巷风流中某点的相对压力或两点间压力差的仪器主要有U型压差计、单管倾斜压差计或补偿式微压计和皮托管。

1. U型压差计

U型压差计分为垂直压差计和倾斜压差计两种，主要是用来测定相对压力。

（1）仪器结构及测定原理

U型压差计如图2-4所示，它是由垂直放置的U型玻璃管和刻度尺组成，U型管中注入蒸馏水，故也叫U型垂直水柱计。测压时，当进入玻璃管两端的空气压力不相等时，U型玻璃管中的水面形成高低差，其差值即表示两点间的压力差。

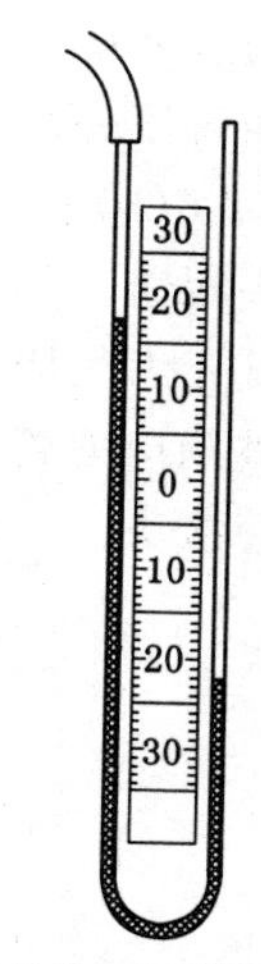

图2-4　U型压差计

在测量压差时，为了减少读数误差，可将U型垂直压差计放成倾斜位置来使用，称其为U型倾斜压差计，如图2-5所示。测量时其倾斜角度可以根据需要调节，压差计显示的读数为倾斜液柱值，必须用下式计算出实际压差值：

$$h = L \cdot \Delta \cdot g \cdot \sin\alpha$$

式中　L——倾斜压差计的读数，毫米液柱；

Δ——仪器所灌液体的密度与水的密度之比值；

g——重力加速度，m/s^2；

α——仪器的倾角，(°)。

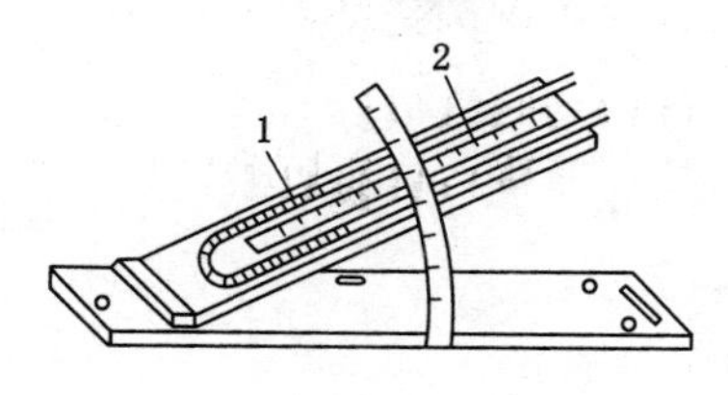

图2-5　U型倾斜压差计

1——U型玻璃管；2——刻度尺

（2）测定方法

① 先在U型管内注入蒸馏水，使两端液面处于“0”位置。

② 一端用胶皮管将风流压力接引到玻璃管内，一端与大气相连通，这时液面出现高度差。

③ 垂直悬挂，读取高度差，即为测定的压差h。

④ 如果是U型倾斜压差计，因倾角是可以调节的，倾角架上有刻度，U型管固定在某一刻度即可。

假如用U型垂直压差计测风筒内某点的压力，压差读数为100 mmH_2O（1 mmH_2O=9.806 65 Pa，全书同），那么这点的相对压力为100 mmH_2O。假如用U型倾斜压差计测风筒内某点的压力，压差读数为100 mmH_2O，压差计倾斜角度为30°，则这点的相对压力为100×9.8×sin 30°=490 Pa。

（3）注意事项

① U型垂直压差计应保持垂直悬挂，并且两端要水平；U型倾斜压差计应保证底部水平放置，倾角调整时要固定好。

② 读数时，应待液面稳定后再读取，若波动较大，应读取中间范围，取平均值。

③ 压差计通常里面装的是水，若是其他液体，应乘以该液体的相对密度。

④ 注意单位换算：1 mmHg=13.595 mmH_2O=133.322 Pa。

2. 单管倾斜压差计

（1）仪器结构

我国常用的单管倾斜压差计有 YYT-2000 型、M 型、KSY 型等。YYT-2000 型单管倾斜压差计的结构如图 2-6(a)所示。在三角形的底座 1 上装设容器 2 与带刻度的玻璃管 3，并有胶皮管 4 及注液孔螺孔 5、三通旋塞 6 及零位调整螺钉 7，在仪器底座上有水准泡 8 和调平螺钉 9。玻璃管 3 的倾角可借弧形板 10 与销钉来调节。为了读数准确，玻璃管 3 上装有活动游标 11。零位调整螺钉 7 的下部是一个浸入液体的圆柱体，转动零位调整螺钉 7 就可以改变圆柱体浸入液体的深度，从而易使液柱对准零位。

三通旋塞如图 2-6(b)所示。当手柄转至“校准”位置时[图 2-6(b)左]，容器 2 经过中心孔和中间管接头与大气相通，此时可转动零位调整螺钉 7 使液柱对零；当手柄转至“测压”位置时[图 2-6(b)右]，容器 2 经过中心孔与“＋”压管接头相通，同时“－”压管接头没有与中间管接头相通。如被测压力高于大气压力时，将被测压力管子接在“＋”压管接头上；如被测压力低于大气压力时，应先用胶皮管将中间管接头与玻璃管 3 上端的压管接头 12 接通，然后将被测压力管子接在“－”压管接头上；如测量压力差时，则将被测的高压管子接在“＋”压管接头上，将低压管子接在“－”压管接头上即可。

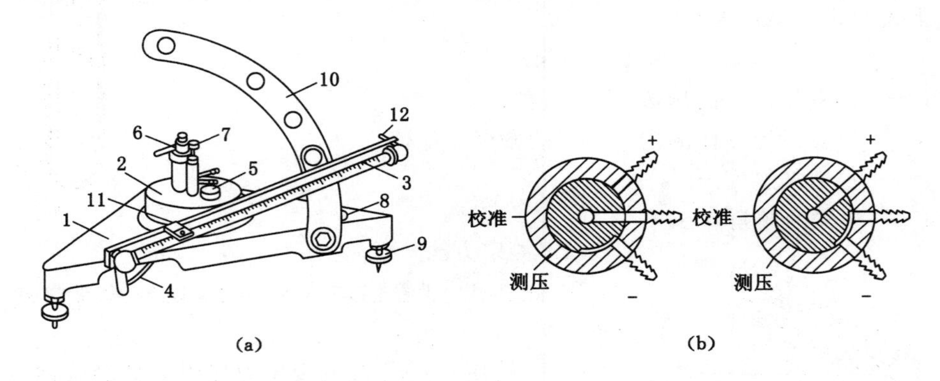

图 2-6　YYT-2000 型单管倾斜压差计

(a) 外形图；(b) 三通旋塞

1——底座；2——容器；3——玻璃管；4——胶皮管；5——注液孔螺孔；6——三通旋塞；7——零位调整螺钉；8——水准泡；9——调平螺钉；10——弧形板；11——活动游标；12——压管接头

(2) 工作原理

单管倾斜压差计的工作原理如图 2-7 所示。它是由一个具有大断面的容器 A(面积为 F_1)与一个小断面的倾斜管 B(面积为 F_2)互相连通，并在其中装有适量酒精的仪器。若在 p_1 与 p_2(设 $p_1 > p_2$)的压差作用下，具有倾斜角度 α 的管子 B 内的液体在垂直方向升高了一个高度 Z_1，而且容器内的液面下降了 Z_2，这时仪器内液面的高差为：

$$Z = Z_1 + Z_2$$

由于 A 容器液体下降的体积与 B 管液体上升的体积相等，即 $Z_2 F_1 = L F_2$。

$$\Delta p = p_1 - p_2 = \rho g Z = \rho g (Z_1 + Z_2) = \rho g [L \sin \alpha + L(F_2/F_1)] = \rho g L K$$

式中　K——仪器的校正系数，由实验求得；

L——倾斜管上的读数，毫米液柱。

(3) 使用方法

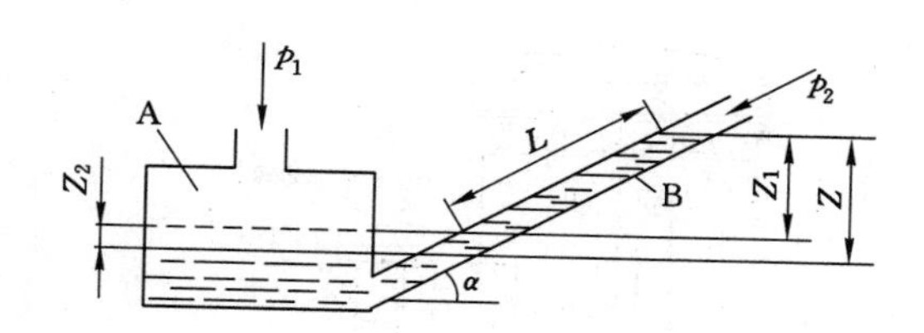

图 2-7　单管倾斜压差计测压原理

① 注入酒精。将零位调整螺钉 7 置于中间位置，拧开注液孔螺孔 5，将配制好的酒精（相对密度 0.81）慢慢注入容器 2 内，直到玻璃管内液面在“0”位附近时为止。

② 调平仪器。将玻璃管按所测压力大小固定到合适的倾斜位置，观察水准泡 8，用调平螺钉 9 将仪器调平，使水准泡位于中间。

③ 调零。转动三通旋塞至校准位置，玻璃管内液面如不在所示“0”刻度上，则调整零位调整螺钉 7，使液面位于“0”刻度处。

④ 测压。用胶皮管将高压测量端口接到仪器的“＋”端接头上，低压接到仪器的“－”端接头上，然后转动三通旋塞至测压位置。

⑤ 读数。管内液面上升，出现一个读数 L，将其乘以玻璃管所在位置的校正系数后即为所测的压差值。

3. 补偿式微压计

(1) 仪器结构及工作原理

在进行较为精密的压差测量时，可以使用补偿式微压计，其结构如图 2-8 所示。它是由两个用胶皮管 3 互相连通的盛水容器 1 和 2 组成，盛水容器 2 的位置固定不动，在盛水容器 1 的中心处有螺母，测微螺杆 4 穿过这个螺母，其下端和仪器底座铰接，而上端和微调盘 5 固结，当缓慢旋转微调盘时，盛水容器 2 底部有一瞄准尖针 6，当该容器中水面恰与尖针 6 尖端接触时，则从光学观察装置的反射镜 7 可以观察出针尖与其倒影尖对在水平面上。测压时将高压胶皮管接到“＋”压接头 13 上，低压胶皮管接到“－”压接头 16 上，则容器 2 中水面下降，瞄准尖针露出水面，容器 1 中水面上升。此时若提高容器 1，使容器 2 的水面再回到原来瞄准尖针的水平上，即用水柱高 h 来平衡两容器中水面所受的压差，此水柱高 h 实际上就是容器 1 上提的高度，所以读出其上提高度后就得到压差。标尺 9 的每一刻度为 1 mm，共 150 mm。微调盘上的游标分成 200 份，每转一周为 2 mm，利用游标可读出最小读数。

(2) 使用方法

① 安放仪器并调节水平。利用调整螺钉 11 与水准泡 12 将其调成水平，并把微调盘 5 与指示标 10 均对到刻度“0”上。

② 拧开密封螺钉 14，注入蒸馏水，直到反射镜 7 中观察到的瞄准尖针 6 的正侧影像近似相接，然后拧上密封螺钉，再慢慢旋转微调盘，使容器 1 升降数次，以排除连接胶管中的气泡，最后转动调节螺母 15，使瞄准尖针的正倒影像恰好相接。如果不能调到恰好相接，两个影像重叠，表明水量不够；如尖端分离，则表明水量过多。

③ 将被测高压胶管接到“＋”压接头 13 上，低压胶管接到“－”压接头 16 上，这时瞄准尖针 6 的正倒影像消失或重叠。

④ 按顺时针方向缓慢地转动微调盘，直到瞄准尖针 6 的正、倒影像尖端再次恰好相接，

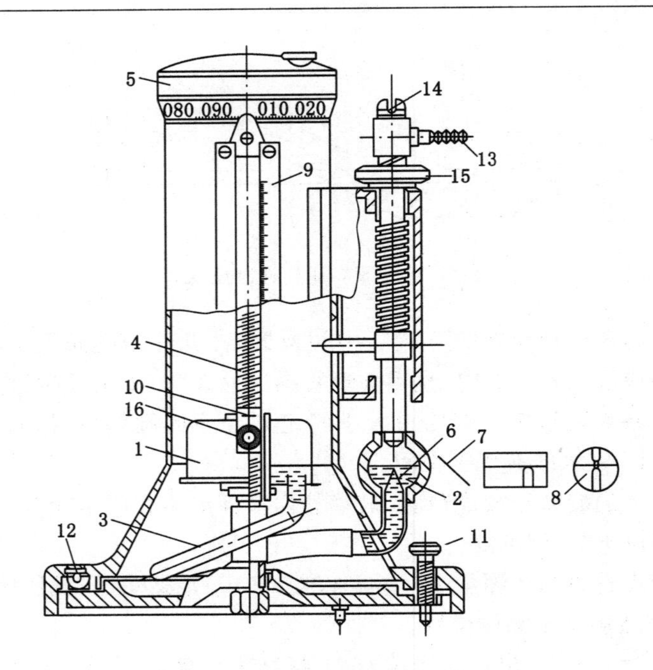

图 2-8　补偿式微压计结构

1——容器 1;2——容器 2;3——胶皮管;4——测微螺杆;5——微调盘;
6——瞄准尖针;7——反射镜;8——尖端正、倒影像相接;9——标尺;
10——指示标;11——调整螺钉;12——水准泡;13——“+”压接头;
14——密封螺钉;15——调节螺母;16——“-”压接头

此时在标尺上读出整数值,在微调盘上读出小数值,两者相加即为所测压差。

4. 皮托管

(1) 仪器结构

皮托管(也称毕托管)是一种测压管,它是承受和传递压力的工具,由两个同心管(一般为圆形)组成,其结构如图 2-9 所示。内管前端有中心孔与标有“+”号的管脚相通,外管前端不通,在其侧壁上开有 4～6 个小孔与标有“-”号的管脚相通。内外管之间互不连通。

(2) 测定原理

皮托管的用途是接受压力并通过胶皮管传递给压差计。使用时其中心孔应正对(迎向)风流方向,此时中心孔将接受风流的点静压和点动压,即与中心孔相连通的标有“+”号的管脚传递的绝对全压值;而皮托管侧壁上的小孔则只能接受风流的点静压,即与管侧壁小孔相连通的标有“-”号的管脚仅传递绝对静压值。

测压时,将皮托管插入风道里,如图 2-10 所示。皮托管尖端孔口正对风流,侧壁孔口垂直于风流方向,此时侧壁孔口仅感受绝对静压 $p_{静}$,故称静压孔;正前端孔除了感受 $p_{静}$ 的作用外,还感受该点的动压 $h_{动}$ 的作用,即测量的是全压 $p_{全}$,因此称之为全压孔。

用胶皮管分别将皮托管的“+”、“-”接头连接至压差计上,即可测量显示出该点的压力值。如图 2-10 所示的连接,测定的是 i 点的动压;如果将皮托管“+”接头与压差计断开,这时测定的是 i 点的相对静压;如果将皮托管“-”接头与压差计断开,这时测定的是 i 点的相对全压。

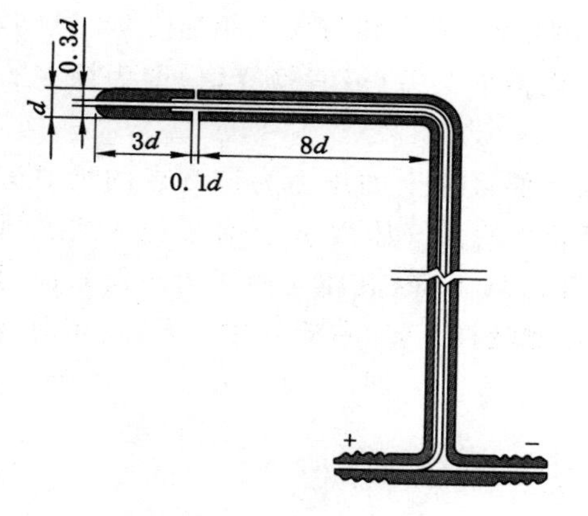

图 2-9　皮托管

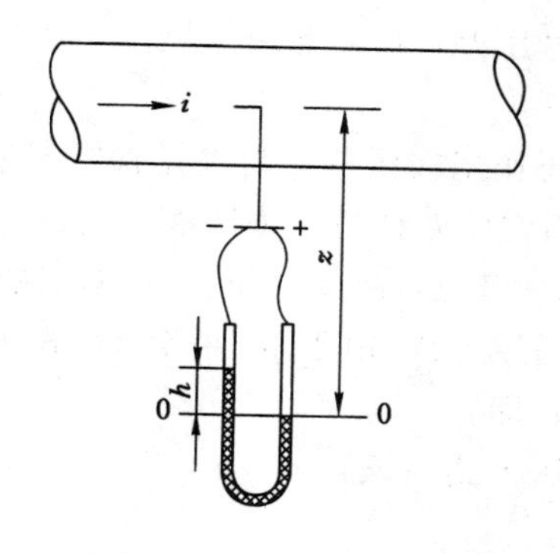

图 2-10　皮托管点压力测定

（3）测定方法

测量风流中某点的相对静压、动压和相对全压值，常常使用皮托管和压差计的方法即可，其布置方法如图 2-11 所示。

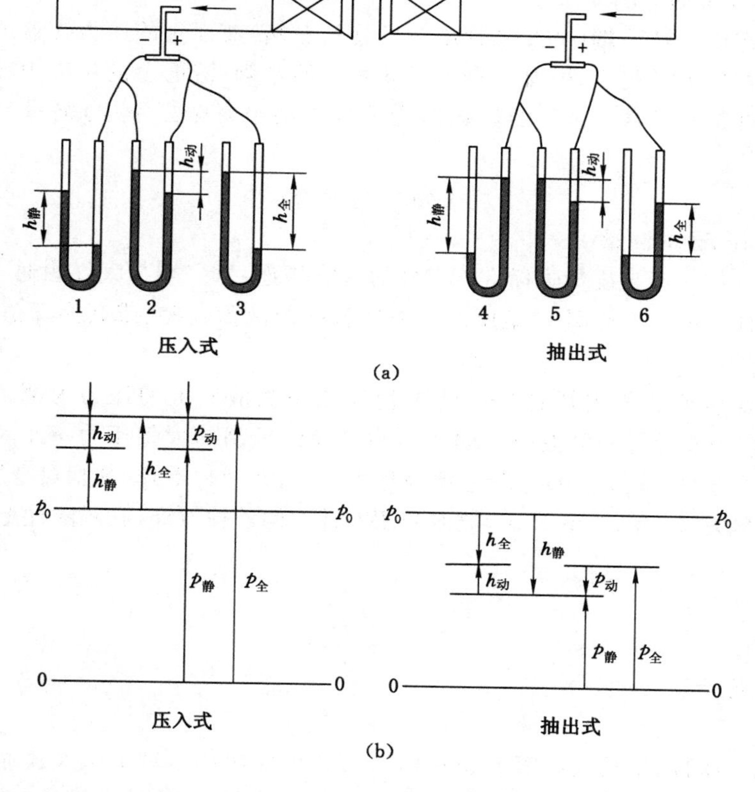

图 2-11　皮托管和 U 型水柱计测量压力连接图及相互关系

(a) 皮托管与压差计布置方法；(b) 坐标表示法

① 相对静压 $h_{静}$ 的测定

U 型压差计的一端与皮托管标有“－”号的管脚相连，另一端与大气相通[图 2-11(a)中 1 号、4 号压差计所示布置]，则 U 型压差计玻璃管内液面高差（或其换算值）即为该点的相对静压 $h_{静}$。

此时作用在压差计与皮托管“－”管脚相连的一侧液面上的压力为该测点的绝对静压 $p_{静}$，作用在压差计另一侧液面上的压力为当地同标高的大气压力 p_0。对于压入式通风方式有 $p_{静}$ 大于 p_0，故 1 号压差计左侧液柱上升，右侧液柱下降（其相对静压为正值）；而对于抽出式通风方式，由于 $p_{静}$ 小于 p_0，故 4 号压差计左侧液柱下降，右侧液柱上升（其相对静压为负值），即：

对压入式通风：

$$h_{静}=p_{静}-p_0$$

对抽出式通风：

$$h_{静}=p_0-p_{静}$$

② 动压 $h_{动}$ 的测量

U 型压差计两端所连接的胶皮管分别与皮托管的“＋”、“－”管脚相连[图 2-11(a)中 2 号、5 号压差计所示布置]，则此时 U 型压差计玻璃管内的液面高差（测点的绝对全压与绝对静压之差）即为该测点的动压 $h_{动}$。

此时作用在压差计一端（如 2 号管或 5 号管的右侧）液面上的压力为该测点的绝对全压 $p_{全}$，而作用在压差计另一端（如 2 号管或 5 号管的左侧）液面上的压力为该测点的绝对静压 $p_{静}$，2 号和 5 号压差计显示的读数即为该测点的绝对全压 $p_{全}$ 与绝对静压 $p_{静}$ 之差，即动压：

$$h_{动}=p_{动}=p_{全}-p_{静}$$

③ 相对全压 $h_{全}$ 的测量

U 型压差计的一端与皮托管标有“＋”号的管脚相连，另一端与大气相通[图 2-11(a)中 3 号、6 号压差计所示布置]，则 U 型压差计玻璃管内的液面高差（或其换算值）即为该测点的相对全压 $h_{全}$。

此时作用在压差计与皮托管“＋”管脚相连的一侧液面上的压力为测点的绝对全压（$p_{全}$），而作用在压差计另一侧液面上的压力为当地同标高的大气压力 p_0。对于压入式通风方式，有 $p_{全}$ 大于 p_0，故 3 号压差计左侧液柱上升，右侧液柱下降（其相对全压为正值）；而对于抽出式通风方式，有 $p_{全}$ 小于 p_0，故 6 号压差计左侧液柱下降，右侧液柱上升（其相对全压为负值），即：

对压入式通风：

$$h_{全}=h_{静}+h_{动}$$

对抽出式通风：

$$h_{全}=h_{静}-h_{动}$$

就相对压力而言，相对全压等于相对静压与动压代数和。对于压入式通风来说，相对全压的数值等于相对静压加上动压；而对于抽出式通风来说，相对全压的绝对值等于相对静压减去动压。

关于绝对静压、动压和绝对全压之间的关系，以及相对静压、动压和相对全压之间的关系用坐标法表示极为清楚，如图 2-11(b)所示。其数学表达式为：

$$p_{全}=p_{静}+p_{动}$$
$$h_{全}=h_{静}+h_{动}$$

④ 两点间静压差与全压差的测量

测量井巷风流中两点之间的静压差与全压差也常使用皮托管和压差计来进行，其布置方法分别如图 2-12 和图 2-13 所示。在两测点各布置一支皮托管，将两支皮托管的“－”管脚用胶皮管连到压差计的两侧玻璃管上，则此时压差计两侧管内液面高度差即为该两点间的静压差 $h_{静}$；如将两支皮托管的“＋”管脚用胶皮管连到压差计的两侧玻璃管上，则此时压差计的两侧管内液面高度差即为两点间的全压差 $p_{全}$。

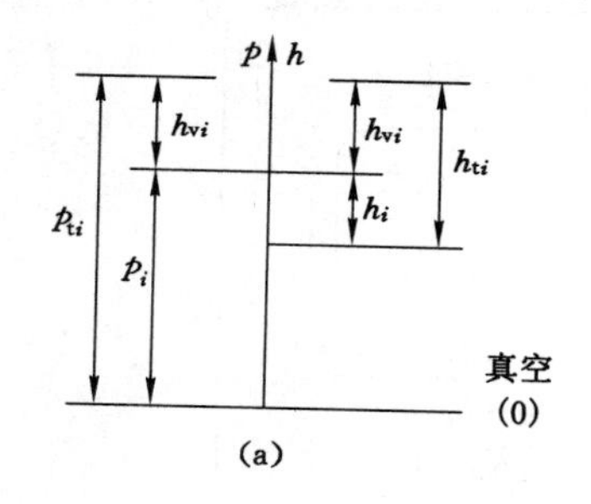

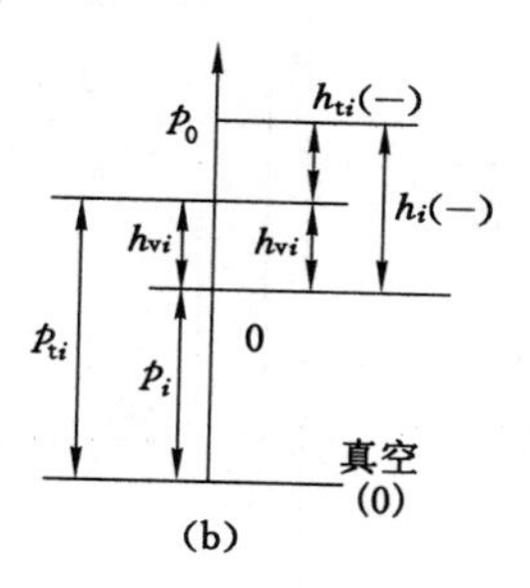

图 2-12 不同通风方式风流中某点各种压力间的相互关系

(a) 压入式通风；(b) 抽出式通风

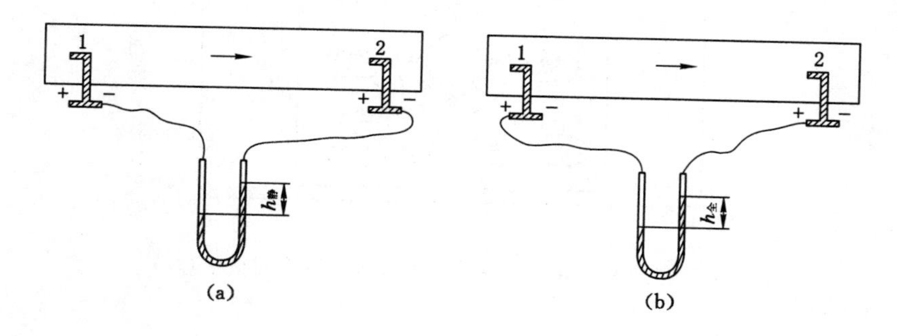

图 2-13 静压差与全压差测定

(a) 静压差测量；(b) 全压差测量

1，2——测点

(4) 皮托管测压注意事项

① 皮托管应干燥，管内不能有水珠，使用前应检查皮托管是否畅通，不得堵塞。

② 皮托管与压差计连接处不得漏气。

③ 测点处应无强烈旋涡和大的压力波动。

④ 测量时皮托管应正对风流，不应上下左右摆动。

⑤ 测量时将所测出的动压值乘上校正系数即为真值。校正系数在每根/个皮托管的使用说明书中给出。

⑥ 使用后将皮托管擦拭干净后装入仪器盒内置于干燥地方保管，严禁摔碰，以免影响测风精度。

(三) 常用的矿井空气压力检测仪

1. JFY-2 型矿井通风参数检测仪

(1) 仪器结构

JFY-2 型矿井通风参数检测仪是一种能同时测定井下绝对压力、相对压力、风速、温度、湿度的精密手持式便携仪器,能为均压防灭火、科学管理矿井通风,以及测定矿井风网压能图等提供有效的测量手段。仪器的防爆类型为矿用本质安全型,其防爆标志为 Exib Ⅰ,可适用于煤矿井下。JFY-2 型矿井通风参数检测仪操作面板如图 2-14 所示。

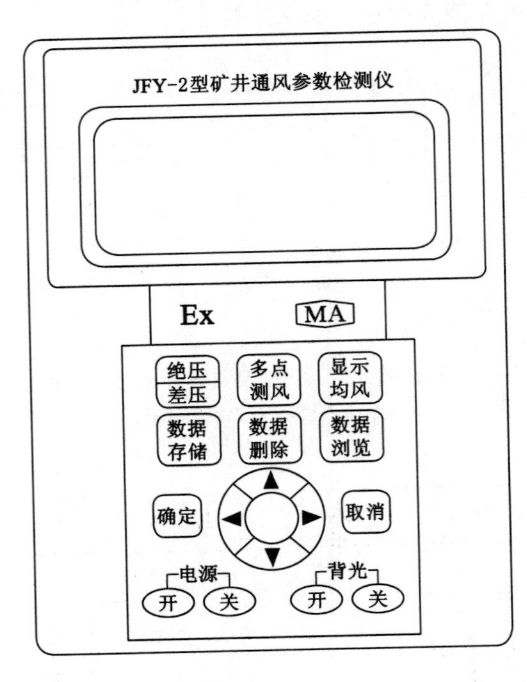

图 2-14 JFY-2 型矿井通风参数检测仪操作面板示意图

(2) 使用环境

工作温度:0～40 ℃。

储存温度:－40～60 ℃。

湿度:≤98%。

大气压力:600～1 300 hPa。

(3) 测量范围及误差

JFY-2 型矿井通风参数检测仪测量范围及误差见表 2-1。

表 2-1　JFY-2 型矿井通风参数检测仪测量范围及误差表

参数	测量范围	测量误差	参数	测量范围	测量误差
绝压/hPa	600～1 200	±1	湿度/%	50～98	±4
差压/mmH_2O	－400～400	±1	风速/(m/s)	0.4～15	±0.3
温度/℃	0～40	±0.5			

2. WFQ-2 型精密气压计

(1) 仪器结构

WFQ-2 型精密气压计主要由静压传感器、放大器、显示器、多谐波振荡器、稳压器和气压调节器等部分组成，其面板如图 2-15 所示。

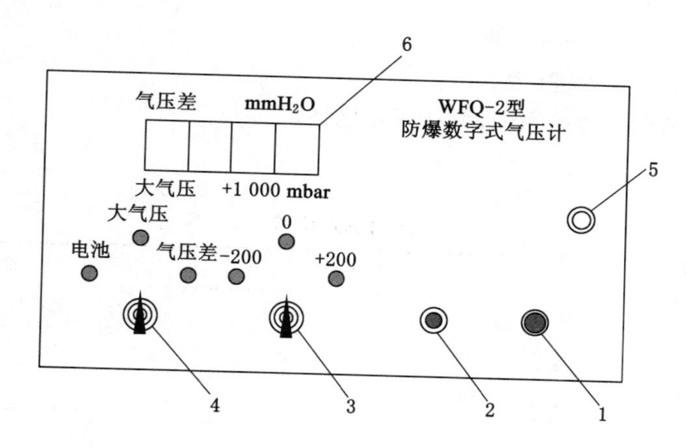

图 2-15　WFQ-2 型精密气压计面板示意图

1——电源开关；2——气压调节旋钮；3——压差分挡旋钮；

4——选择开关；5——静压管接口；6——数字显示器

(2) 工作原理及技术参数

① 工作原理

静压传感器的压力膜在感受气压变化后产生微小的位移，带动差动变压器的铁芯上下移动，使差动变压器的次级绕组电动势发生变化，经整流滤波后产生与压差成正比的直流电压输出，经放大器放大，在选择开关旋至大气压挡时，电压在放大器中以不同系数直接放大，以 mbar 为单位显示；当选择开关旋至压差挡时，电压与气压调节欧姆电阻器输出的直流电压进行比较，再经过放大器放大后经 A/D 转换器，由数字显示器以 mmH_2O 为单位显示被测气压与参考气压之差。气压调节采用电记忆调零，其实质是调零单元将压力膜感受的压力直接变成对应的电压信号寄存下来。

② 技术参数

测量范围：气压差 0～±2 000 Pa，借助于压差分挡旋钮可将量程扩大至±4 000 Pa；绝对气压为 850～1 150 mbar。

分辨率：气压差为 1 Pa，大气压为 0.1 mbar。

精度：大气压变化在 100 mbar 范围内，小于 0.5 mbar。

气压值(单位 9.8 Pa)：0～25 挡为±0.3；25～100 挡为±1；100～200 挡为±3。

工作电压：8～12 V。

四、实验注意事项

(1) 实验之前，应认真阅读实验教材的有关内容，了解实验操作安全注意事项，明确测量目的和要求。

(2) 熟悉各种压差计、皮托管等实验仪器的构造、原理以及使用方法。

(3) 熟悉实验原理和方法,了解需记录哪些实验数据。

(4) 已知参数:管路断面形状为半圆拱全高 $h=300$ mm、宽 $=300$ mm,$\overline{1-2}=10.16$ m,$\rho=\text{const}$ 或参照实验一已经完成测量计算的数值。

五、实验记录与报告

(1) 叙述实验目的、方法和原理。

(2) 实验数据记录及处理(表 2-2)。

(3) 测算并绘制点压力关系图,验证其正确性。

(4) 实验小结。

表 2-2　　点压力测定记录

通风方式	压入式	抽出式
$h_{静}$/Pa		
$h_{动}$/Pa		
$h_{全}$/Pa		
$h_{全}=h_{静}\pm h_{动}$		

实验三　有毒、有害、爆炸性气体浓度测定

早在几千年前我们的祖先就已经对生产环境中的有毒有害因素有所认识。到公元7世纪时，对产生有毒气体的场所、浓度变化规律和测试方法以及消除措施，已经有比较系统的观察和记录。如隋代巢元方所编撰《诸病源候论·杂毒病诸候》(公元610年)中有“入井冢墓毒气候”一节，文中记载说：“凡古井、冢及深坑阱中，多有毒气，不可辄入，五月、六月间最甚，以其郁气盛故也。若事辄必须入者，先下鸡、鸭毛试之，若毛旋转不下，即是有毒，便不可入。”文中的“毒气”就是现在所指的一氧化碳，这是祖国医学最早对一氧化碳认识的记载。唐代王焘所撰《外台秘要》引陈延之“小品方”中提出了动物检测法，指出“若有毒其物即死”。驰名中外的我国明代医药学家李时珍在《本草纲目》中，对铅中毒有这样的描述：“铅生山穴石间，……其气毒人，若连月不出，则皮肤萎黄，腹胀不能食，多致疾而死。”明代宋应星所著《天工开物》(1637年)不仅阐述过煤矿井下的瓦斯问题，还介绍过职业性汞中毒及其预防方法。

在各种形态的有毒有害物质中，气态毒物是相对最危险的。因为，气态毒物分布扩散在生产作业场所的空气中，会随着人们的呼吸自然而然地进入人体，防不胜防，危害极大。有毒有害气体通常分为两类：一类是刺激性气体，是指对眼和呼吸道黏膜有刺激作用的气体，是化学工业常遇到的有毒气体。刺激性气体的种类甚多，常见的有氯气、氨气、氮氧化物、二氧化硫、三氧化硫和甲醛等。另一类是窒息性气体，是指能造成机体缺氧的有毒气体。窒息性气体可分为单纯窒息性气体、血液窒息性气体和细胞窒息性气体，如氮气、甲烷、一氧化碳、氰化氢、硫化氢等。

无论哪一类有毒有害气体，人们为了更好地保护劳动者身心健康，维护安全生产，熟悉和掌握对有毒、有害、爆炸性气体的辨识、监测和预防处理方法都是十分重要的。

一、实验目的

(1) 通过实验，掌握各种有害气体检测仪器的检测原理、操作方法以及有害气体浓度分布的测定方法等。

(2) 重点掌握一氧化碳气体检测仪、便携式可燃性气体检测仪和室内空气甲醛浓度检测仪等设备的使用。

二、实验仪器介绍及使用方法

主要包括CO、H_2S、NO、甲醛等有毒、有害、爆炸性气体检测仪器，以及有害气体组合检测仪等。相关实验仪器设备如图3-1和图3-2所示。

(一) BY-200一氧化碳气体检测仪

1. 仪器简介

BY-200系列气体检测报警仪外壳采用抗磨损、高强度ABS盒体，对无线电干扰有阻抗

作用。上下盒体由螺丝拧紧固定。盒内装有印刷电路板、声光报警器、9 V 积层电池和电化学传感器。如图 3-3 所示。

图 3-1　T40 一氧化碳（硫化氢）检测仪

图 3-2　TX2000 一氧化氮检测仪

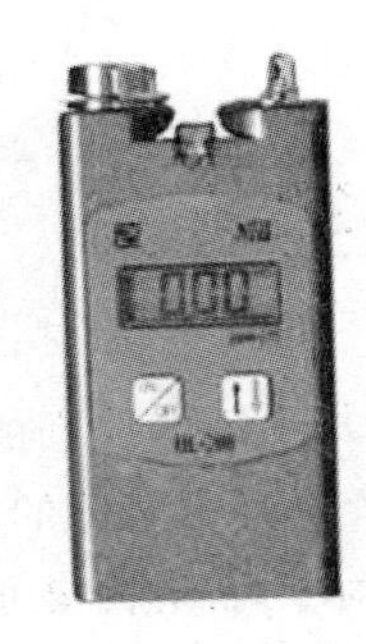

图 3-3　BY-200 一氧化碳气体检测仪

仪表采用液晶屏以 ppm（$1\ ppm=1\times10^{-6}$，全书同）形式直接显示环境中被测气体浓度，如果气体浓度超过设定的报警值，仪表将发出声光报警信号。

其传感器应用了定电压电解法原理，其构造是在电解池内安置了 3 个工作电极，即工作电极、对电极、参比电极，并施加一定极化电压，用薄膜同外部隔开，被测气体透过此膜到达工作电极，发生氧化还原反应，此时传感器将有一输出电流，该电流与气体浓度成正比。这个电流信号经放大后，转变为电压信号。电压信号一路送至模数转换器，将模拟量转换成数字量，然后通过液晶显示器，将数字量显示出来；另一路送到比较器电路与一个基准电压比较，该基准电压相当于报警浓度值，当被测气体浓度值转换成的电压值高于基准电压时，仪器发出声光报警信号。

2. 技术性能指标

检测内容：一氧化碳气体。

检测范围：0～200 ppm。

检测误差：≤±5%（F. S）。

报警范围：1～30 ppm。

最小示值：0. 11 ppm。

响应时间：≤30 s。

（1）报警方式：

低报：蜂鸣器断续急促声响，红色发光二极管闪亮。

高报：蜂鸣器发出急促声响，红色发光二极管闪亮，振动器发出振动报警。

（2）电源电压：DC 2. 4 V（镍氢充电电池 2 节，配有专用充电器）。

（3）电源低电压报警：当电池欠压时显示电池容量不足符号，蜂鸣器发声。

（4）连续工作时间：≥500 h。

（5）传感器寿命：保证一年。

（6）使用环境条件：温度（－10～45 ℃），相对湿度 RH≤95%，大气压力 80～110 kPa。

（7）防爆标志：ExiaⅡCT6。

（8）防爆合格证编号：CE940324。

(9) 外形尺寸：125 mm×62 mm×26 mm(H×D×W)。

(10) 质量：≤120 g。

3. 使用方法

(1) 开机：轻按“ON/OFF”键，直到液晶屏幕点亮。开机后，BY-200 型气体报警器自动进入预热状态，并伴随有显示声、光和振动报警测试。在短暂的预热期间自动显示报警设置预值(低报 LOA、高报 HIA)。

(2) 关机：两手指同时按住“ON/OFF”键及“↑↓Mode”键，报警器连续 5 次蜂鸣后，液晶显示器显示“OFF”字样，随即松开两按钮即可关机。

(3) 校零：报警仪在出厂时已经进行了硬件校零。在使用时如出现小范围零点漂移，可以通过单片机程序进行自动校零。具体方法是：在清新的环境中连续按住“↑↓Mode”键，仪器将发出 3 次连续蜂鸣声，液晶显示出现“zero”字样，此时再次连续按住，直到仪器再次连续发出 4 次蜂鸣声，此时液晶显示的“zero”字样消失，说明自动校零程序完成，仪器显示回到零点。

(4) 标定：标定必须由专业技术人员用专用设备和标准对其进行手工标定。非专业人员或缺乏专用设备、标准气体的情况下不可随意进行标定操作，否则将导致仪器不能正常工作。为了保证仪器的正常使用及可靠的准确性，仪器应定期标定并认真记录，最好每 3～6 个月调校标定一次。

(5) 报警条件：BY-200 型气体报警器具有声、光、振动报警，当周围气体浓度超出出厂预设值(低报警值及高报警值)其中之一时，仪器便会报警。如 BY-200-CO 一氧化碳报警器的低报警值、高报警值分别为 50 ppm、100 ppm，这些报警值出厂时已经设定好，不能更改。

(6) 报警操作：在仪器正常工作模式中，只要按住“↑↓Mode”键就可以访问报警设置点和峰值读数。

连续按住“↑↓Mode”键，报警器发出连续 3 次蜂鸣声，此时液晶显示出现“zero”字样，此时再按一下“↑↓Mode”键，报警器发出 1 次蜂鸣声，即显示出厂时设定的低报警点 LOA；再按一下“↑↓Mode”键，报警器发出 1 次蜂鸣声，将显示出厂时设定的高报警点 HIA；再次按下“↑↓Mode”键，报警器发出 1 次蜂鸣声，将显示此次开机工作过程中所达到的最高气体浓度读数；再次按一下“↑↓Mode”键，报警器发出 1 次蜂鸣声，将返回气体正常工作模式。

(二) HL-210-EX 型便携式可燃性气体检测报警仪

1. 仪器简介

HL-210-EX 型便携式可燃性气体检测报警仪为北京新华劳科贸有限公司最新开发的产品，带有微型电动吸气泵，能自动吸入空气中被检测的气体。当空气中的被检测气体浓度达到或者超过报警设定值时，报警仪能发出声光报警信号，提醒有关人员及时采取预防措施，避免恶性事故发生。其外观如图 3-4 所示。

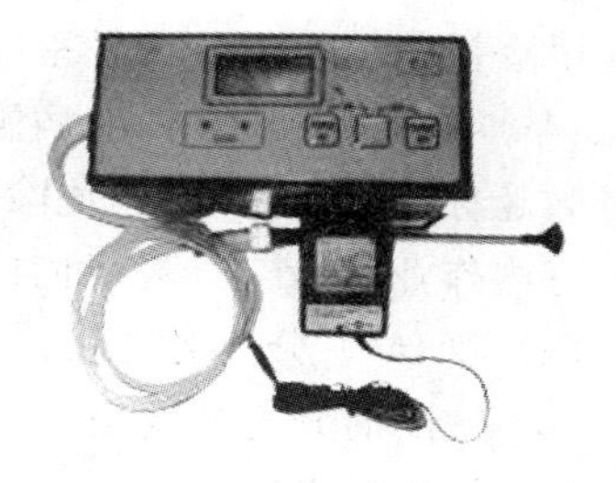

图 3-4　HL-210-EX 型便携式可燃性气体检测报警仪

2. 工作原理

可燃性气体传感器采用最新一代低功耗、高抗干扰型载体催化元件，它与两只固定电阻构成检测桥路。当空气中含有的可燃性气体通过吸气泵输送到传感器内，扩散到检测元件表面上，在其表面催化剂作用下迅速进行无焰燃烧，产生反应热使带催化剂的铂丝电阻值增大，检测桥路输出一个差压信号。这个电压信号的大小与可燃性气体浓度成正比关系，它经过放大后，送至模数转换电路，将模拟量转换成数字量，由 LCD 液晶显示器显示出可燃性气体的浓度。

3. 使用方法

(1) 开机：轻按“ON”键，直到液晶屏幕点亮。开机后，HL-210-EX 型便携式可燃性气体报警仪自动进入预热状态，并伴随有显示声、光报警测试。在短暂的预热期间自动显示报警设置值(低报、高报)，然后进入正常工作状态。

(2) 关机：按住“↑↓/OFF”键，报警器先发出连续 3 次蜂鸣声，再连续发出 3 次蜂鸣声，液晶显示器显示“OFF”字样，随即松开按钮即可关机。

(3) 校零：报警仪在出厂时已经进行了硬件校零。在使用时如出现小范围零点漂移，可以通过单片机程序进行自动校零。在清新的环境中当液晶显示不是零点，漂移过大而无法对仪器校零时，可以调节仪器右侧的微调电位器校正，使得屏幕显示值为“000”，校零即完成。

(4) 标定：标定必须由专业技术人员用专用设备和标准对其进行手工标定。

对可燃气体标定时必须在洁净的空气中打开上盖，开机并等待仪器工作稳定后从进气口通入与仪器吸入流量一致的标准可燃气体，调节电路板中部的 WA-EX 电位器，使得屏幕显示数值与标准可燃气体数值一致。

为了保证仪器的正常使用及可靠的准确性，仪器应定期标定并认真记录，最好每 3～6 个月调校标定一次。

(5) 报警条件：HL-210-EX 型便携式可燃性气体报警仪具有声、光报警，当周围气体浓度达到、超出出厂预设值(低报警值及高报警值)其中之一时，仪器便会报警。这些报警值出厂时已经设定好，不能更改。

(6) 报警操作：在仪器正常工作模式中，只要连续按住“↑↓/OFF”键就可以访问报警设置点和峰值读数。当报警器发出连续 3 次蜂鸣声，然后松手，即显示出厂时设定的低报警值点，随后将显示出厂时设定的高报警值点，随后将显示此次开机工作过程中所达到的最高气体浓度读数(测量峰值)，随后自动返回气体正常工作模式。

按住右侧“T”键，将显示当前环境的温度值。

(三) GDYK-201S 室内空气现场甲醛测定仪

1. 基本介绍

甲醛被各界普遍认为是室内第一杀手，它的释放期可长达 3～15 年，其对人体尤其是婴幼儿、孕期妇女、老人和慢性病患者危害甚为严重。空气中的有毒有害气体释放周期越长，其轻微超标时越不易察觉，危险性越大。

室内作业场所空气环境内的甲醛含量检测方法包括：

(1) AHMT 分光光度法。

(2) 酚试剂分光光度法。

(3) 气相色谱法。

(4) 乙酰丙酮分光光度法。

(5) 电化学传感器法。

2. 基本原理

本实验使用 GDYK-201S 室内空气现场甲醛测定仪来检测作业环境空气中的甲醛浓度。其原理是基于被测样品中甲醛与显色剂反应生成有色化合物对可见光有选择性吸收而建立的比色分析法。

仪器由硅光光源、比色瓶、集成光电传感器和微处理器构成，可直接在液晶屏上显示出被测样品中的甲醛含量。其外观如图 3-5 所示。

3. 应用领域

广泛应用于建材、园艺、室内装饰与装修、染料、造纸、制药等过程及生产场所中甲醛的现场定量测定。

图 3-5　GDYK-201S 室内空气现场甲醛测定仪

4. 技术指标

测定下限：甲醛浓度 0.01 mg/m^3（气体样品，采样体积为 5 L）。

测定范围：甲醛浓度 0.00～1.00 mg/m^3（气体样品，采样体积为 5 L）。

精度：≤±5%。

测量方法：《公共场所卫生检验方法 第 2 部分：化学污染物》(GB/T 18204.2—2014)中的酚试剂法。

光源：波长 630 nm。

5. 所需试剂

去离子水或蒸馏水、甲醛试剂(一)、甲醛试剂(二)。

6. 参数测试

(1) 空气中甲醛的测定

① 快速测定方法的操作步骤

a. 采样

● 打开铝合金携带箱，取出大气采样器和气泡吸收管支撑架，将气泡吸收管支撑架挂在大气采样器进气口和出气口的不锈钢管上。

● 将大气采样器与三脚架适配器连接，然后固定到铝合金三脚架上，大气采样器距离地面高度(0.5～1.5 m 之间)通过三脚架上的旋钮可自由上下调节。

● 将气泡吸收管插入支撑架中，用白色硅胶管将气泡吸收管与大气采样器连接好。

● 打开白色刻度线比色瓶(以下简称样品比色瓶)的瓶盖，加水至 5 mL 刻线处。

● 取甲醛试剂(一)1 支，用剪刀剪开甲醛试剂(一)管的端口，将甲醛试剂管插入样品比色瓶的溶液中，反复捏压甲醛试剂管大肚端底部，使甲醛试剂管中的固体试剂全部转移到样品比色瓶中。

● 旋紧样品比色瓶瓶盖，摇动 10 s 使试剂溶解。

● 取下吸收/比色瓶，将样品比色瓶中的溶液全部倒入(或用塑料吸管滴入)吸收/比色瓶中，再重新插上，然后用弹簧夹固定，防止漏气。

● 打开采样器左侧的电源开关，校正指示灯亮，液晶屏上显示 5～120 min 多挡时间，本实验选择 10 min 采样。

● 按"⊙"键开始采样，同时在液晶屏上显示倒计时时间。调节采样器旋钮使校正指示灯窗内的黑色球形浮子位于上下两条刻线之间。采样结束时，仪器自动停止采样。

b. 显色

● 试剂空白：采样停机前，打开圆柱形蓝色刻度线比色瓶（以下简称空白比色瓶）的瓶盖，加水至 10 mL 刻线处，用剪刀剪开甲醛试剂（一）管的端口，将甲醛试剂管插入空白比色瓶溶液中，反复捏压甲醛试剂管大肚端底部，使甲醛试剂管中固体试剂全部转移到空白比色瓶中，旋紧比色瓶盖，摇动 10 s 使试剂溶解。

● 样品：采样停机后，断开连接的硅胶管，取下吸收/比色瓶。将吸收/比色瓶中的溶液转移到样品比色瓶中，再用塑料吸管取适量的蒸馏水反复冲洗气泡吸收管 2～3 次，并且将此溶液转移到样品比色瓶中，稀释至 10 mL 刻线处，旋紧比色瓶盖，摇动 10 s 充分混匀。

● 用手握住样品比色瓶和空白比色瓶靠体温加热 7 min。

● 用剪刀分别剪开两支甲醛试剂（二）管的端口，将管中溶液分别滴入样品比色瓶和空白比色瓶中，然后旋紧比色瓶盖，摇动 10 s 充分混匀。

● 再用手握住样品比色瓶和空白比色瓶，靠体温加热 5 min。

c. 测定

● 取下比色瓶盖，分别旋紧比色瓶定位器，用比色瓶清洗布擦净空白比色瓶和样品比色瓶的外壁，将空白比色瓶放入甲醛测定仪比色槽中锁定。

● 按"开/关"键，再按"调零"键，液晶屏上出现【0.00】时，表示试剂空白调零已经完成。

● 取下空白比色瓶，将样品比色瓶放入比色槽中锁定，然后按"浓度"键，根据液晶屏上显示的数值（mg/L）和校正后的采样体积，按表 3-1 计算出空气中甲醛浓度（mg/m^3）。

表 3-1　一个大气压不同温度下测定空气中甲醛时的标准体积 V_0（L）

V_t \ V_0 \ t	5	6	7	8	9	10	11	12	13	14	15	16	17	18	19	20	21	22
2.5	2.46	2.45	2.44	2.43	2.42	2.41	2.40	2.39	2.39	2.38	2.37	2.36	2.35	2.34	2.34	2.33	2.32	2.31
5	4.91	4.89	4.88	4.86	4.84	4.82	4.80	4.78	4.77	4.76	4.74	4.72	4.71	4.69	4.67	4.66	4.64	4.63
10	9.82	9.78	9.75	9.72	9.68	9.65	9.60	9.56	9.54	9.51	9.48	9.45	9.41	9.38	9.35	9.32	9.29	9.25
15	14.73	14.68	14.62	14.57	14.52	14.47	14.40	14.34	14.32	14.27	14.22	14.17	14.12	14.07	14.02	13.98	13.93	13.88
20	19.64	19.57	19.50	19.43	19.36	19.29	19.20	19.12	19.09	19.02	18.96	18.89	18.83	18.76	18.70	18.63	18.57	18.51
25	24.55	24.46	24.38	24.29	24.20	24.12	24.00	23.90	23.86	23.78	23.70	23.62	23.54	23.45	23.37	23.29	23.22	23.14
30	29.46	29.36	29.25	29.14	29.04	28.94	28.80	28.68	28.64	28.54	28.44	28.34	28.24	28.14	28.05	27.95	27.86	27.76
40	39.28	39.14	39.00	38.86	38.72	38.59	38.40	38.24	38.18	38.05	37.92	37.78	37.66	37.52	37.40	37.27	37.14	37.02
50	49.10	48.92	48.75	48.58	48.40	48.24	48.00	47.80	47.72	47.56	47.40	47.23	47.07	46.90	46.74	46.58	46.43	46.27
60	58.92	58.71	58.50	58.29	58.08	57.88	57.60	57.36	57.27	57.07	56.87	56.68	56.48	56.29	56.09	55.90	55.72	55.52

续表 3-1

V_0 \ t V_t	23	24	25	26	27	28	29	30	31	32	33	34	35	36	37	38	39	40
2.5	2.30	2.30	2.29	2.28	2.28	2.27	2.26	2.25	2.24	2.24	2.23	2.22	2.22	2.21	2.20	2.19	2.19	2.18
5	4.61	4.60	4.58	4.56	4.55	4.54	4.52	4.50	4.49	4.48	4.46	4.45	4.43	4.42	4.40	4.39	4.38	4.36
10	9.22	9.19	9.16	9.13	9.10	9.07	9.04	9.01	8.98	8.95	8.92	8.89	8.86	8.84	8.81	8.78	8.75	8.72
15	13.83	13.79	13.74	13.70	13.65	13.60	13.56	13.52	13.47	13.43	13.38	13.34	13.30	13.25	13.21	13.17	13.12	13.08
20	18.45	18.38	18.32	18.26	18.20	18.14	18.08	18.02	17.96	17.91	17.84	17.78	17.73	17.67	17.61	17.56	17.50	17.44
25	23.06	22.98	22.90	22.82	22.75	22.68	22.60	22.52	22.45	22.38	22.30	22.23	22.16	22.09	22.02	21.94	21.88	21.80
30	27.67	27.58	27.48	27.39	27.30	27.21	27.12	27.03	26.94	26.85	26.77	26.68	26.59	26.50	26.42	26.33	26.25	26.17
40	36.89	36.77	36.64	36.52	36.40	36.28	36.16	36.04	35.92	35.80	35.69	35.57	35.46	35.34	35.22	35.11	35.00	34.89
50	46.12	45.96	45.80	45.65	45.50	45.35	45.20	45.05	44.90	44.75	44.61	44.46	44.32	44.18	44.03	43.89	43.75	46.61
60	55.34	55.15	54.97	54.78	54.60	54.42	54.24	54.06	53.88	53.71	53.53	53.36	53.18	53.01	52.84	52.67	52.50	52.33

表中：t——采样点的气温，℃；

V_0——标准状态下的采样体积，L，按采样点大气压为标准状态大气压 101 kPa 计算而得；

V_t——采样体积，L。

② 标准测定方法的操作步骤

a. 采样

● 打开铝合金携带箱，取出大气采样器和气泡吸收管支撑架，将气泡吸收管支撑架挂在大气采样器进气口和出气口的不锈钢管上。

● 将大气采样器与三脚架适配器连接，然后固定到铝合金三脚架上，大气采样器距离地面高度（0.5～1.5 m 之间）通过三脚架上的旋钮可自由上下调节。

● 将气泡吸收管插入支撑架中，用白色硅胶管将气泡吸收管与大气采样器连接好。

● 打开样品比色瓶的瓶盖，加水至 5 mL 刻线处。

● 取甲醛试剂（一）1 支，用剪刀剪开甲醛试剂（一）管的端口，将甲醛试剂管插入样品比色瓶的溶液中，反复捏压甲醛试剂管大肚端底部，使甲醛试剂管中的固体试剂全部转移到样品比色瓶中。

● 盖上样品比色瓶瓶盖，摇动 10 s 使试剂溶解。

● 取下吸收/比色瓶，将样品比色瓶中的溶液全部倒入（或用塑料吸管滴入）吸收/比色瓶中，再重新插上，然后用弹簧夹固定，防止漏气。

● 打开采样器左侧的电源开关，校正指示灯亮，液晶屏上显示 5～120 min 多挡时间，本实验选择 10 min 采样。

● 按“⊙”键开始采样，同时在液晶屏上显示倒计时时间。调节采样器旋钮使校正指示灯窗内的黑色球形浮子位于上下两条刻线之间。采样结束时，仪器自动停止采样。

b. 显色

● 试剂空白：采样停机前，打开空白比色瓶的瓶盖，加水至 10 mL 刻线处，用剪刀剪开甲醛试剂（一）管的端口，将甲醛试剂管插入空白比色瓶溶液中，反复捏压甲醛试剂管大肚端底部，使甲醛试剂管中固体试剂全部转移到空白比色瓶中，旋紧比色瓶盖，摇动 10 s 使试剂溶解。

● 样品：采样停机后，断开连接的硅胶管，取下吸收/比色瓶。将吸收/比色瓶中的溶液转移到样品比色瓶中，再用塑料吸管取适量的蒸馏水反复冲洗气泡吸收管 2～3 次，并且将此溶液转移到样品比色瓶中，稀释至 10 mL 刻线处，旋紧比色瓶盖，摇动 10 s 充分混匀。

● 室温放置 30 min。

● 用剪刀分别剪开两支甲醛试剂(二)管的端口，将管中溶液分别滴入样品比色瓶和空白比色瓶中，然后旋紧比色瓶盖，摇动 10 s 充分混匀。

● 室温放置 15 min。

c. 测定

● 取下比色瓶盖，分别旋紧比色瓶定位器，用比色瓶清洗布擦净空白和样品比色瓶的外壁，将空白比色瓶放入甲醛测定仪比色槽中锁定。

● 按“开/关”键，再按“调零”键，液晶屏上出现【0.00】时，表示试剂空白调零已经完成。

● 取下空白比色瓶，将样品比色瓶放入比色槽中锁定，然后按“浓度”键，根据液晶屏上显示的数值(mg/L)和校正后的采样体积，按表 3-1 计算出空气中甲醛浓度(mg/m^3)。

(2) 结果判定

① 当样品比色瓶中溶液颜色为蓝色且澄清时，表明被测样品中可能含有甲醛；根据仪器所测定结果与国际限量标准进行比较，判断出样品中甲醛是否超标。

② 空气中甲醛国际限量标准见表 3-2(空气质量标准)。

表 3-2　　空气中甲醛国际限量标准

名称	单位	标准值	备注
甲醛 HCHO	mg/m^3	0.10	1 h 均值

(3) 干扰

20 μg 酚、2 μg 乙醛以及二氧化氮对本法无干扰，但二氧化硫共存时，使得测定结果偏低。因此对二氧化硫干扰不可忽视，可将气样先通过硫酸锰滤纸过滤器，予以排除二氧化硫。

(4) 不同温度不同压力时空气中甲醛浓度计算

可根据下面的公式进行换算：

$$c = \frac{c_0}{V_0} \times 10 = \frac{c_0}{V_t \times \frac{273}{273 + t} \times \frac{p}{101.3}} \times 10$$

式中　c——空气中甲醛浓度，mg/m^3；

c_0——甲醛测试仪显示空气中甲醛浓度，mg/L；

V_0——标准状态下的采样体积，L；

10——测试中比试瓶中的溶液体积，mL；

V_t——采样体积，L；

t——采样温度，℃；

p——采样点大气压，kPa。

三、实验要求

（1）仔细阅读实验使用的相关有毒、有害、爆炸性气体检测仪器使用操作方法和调试方法。

（2）应用相关检测仪器测定作业场所中的有毒有害气体浓度。

（3）按表3-3记录实验测定相关气体浓度值，并计算有毒有害气体浓度平均值。

表 3-3　　有毒有害气体浓度测定记录

有害气体检测仪类型	测定浓度1	测定浓度2	测定浓度3	平均值计算	备　注
一氧化碳检测					
甲醛检测					
可燃气体检测					

四、实验报告

（1）实验目的。

（2）实验用仪器。

（3）测定结果。按表3-3格式分别测定记录浓度值，并计算出平均值。

实验四　液体的闪点和燃点测定

一、实验背景知识

对于可燃液体，当液体温度较低时，由于蒸发速度慢，液面上方形成的蒸气和空气混合后，其浓度较小，遇火不能燃烧。但随着温度逐渐升高，蒸气浓度增大，当达到一定极限值时，可燃液体的蒸气与空气的混合气体遇到火源会发生一闪即灭的闪燃现象。此时所对应的液体温度称为该液体的闪点。在该温度下，可燃液体的蒸发速度小于其燃烧速度，液体上方的蒸气烧光后来不及补充，导致火焰自行熄灭。如果继续升高温度，液体蒸发速度进一步增加，当遇点火源能够燃烧且持续燃烧时间不小于 5 s 时，所对应的液体温度称为该液体的燃点。

闪点温度比燃点温度低些。从消防观点来说，液体闪点就是可能引起火灾的最低温度。闪点越低，引起火灾的危险性越大。闪点是表示石油产品蒸发倾向和安全性质的项目。油品的危险等级是根据闪点划分的，闪点在 45 ℃以下的叫易燃品，45 ℃以上的为可燃品。在储存使用中禁止将油品加热到它的闪点，加热的最高温度，一般应低于闪点温度 20～30 ℃。

闪燃是火险的警告，着火的节奏。掌握了闪燃这种燃烧现象，就可以很好地预防火灾发生或减少火灾的危害。闪点是衡量可燃液体火灾危险性的一个重要参数，是液体易燃性的分级依据。闭杯闪点等于或低于 61 ℃的液体为易燃液体。按闪点的高低不同可将易燃液体分为：低闪点液体，指闪点＜18 ℃的液体；中闪点液体，指 18 ℃≤闪点＜23 ℃的液体；高闪点液体，指 23 ℃≤闪点＜61 ℃的液体。

闪点测定法有开口法和闭口法两种，一般轻质油品多用闭口法，而重质油品多用开口法。一般认为闭口法测定范围在 20～275 ℃之间，而开口法则无限制。同一油品，用开口法测定的结果要比闭口法高 10～30 ℃。这是因为开口法在测试油品升温过程中其蒸发的油气会散开，而使其达到闪点所需混合气浓度时的温度会较高。

二、实验目的

(1) 用开口或闭口闪点测定仪测量甘油或变压器油等可燃液体的闪点和燃点值。

(2) 掌握测量物质的闪点和燃点的方法。

(3) 通过实验现象的观察，加深对闪点和燃点概念的理解。

三、实验仪器

TP612 型全自动开口闪点测定仪；TP611 型全自动闭口闪点测定仪；油杯；点火枪等。

TP612 型全自动开口闪点测定仪可用于测定石油产品的开口闪点值，仪器采用 480×272 大屏幕彩色液晶显示，全中文人机对话界面，可预置温度、大气压强、实验日期等参数，具有提示菜单，导向式输入，方便快捷，开放式、模糊控制集成软件，模块化结构，符合《石油产品闪点和燃点的测定 克利夫兰开口杯法》(GB/T 3536—2008),是理想的进口仪器替代产品,广泛用于铁路、航空、电力、石油行业及科研部门。

（一）仪器的外形(图 4-1)

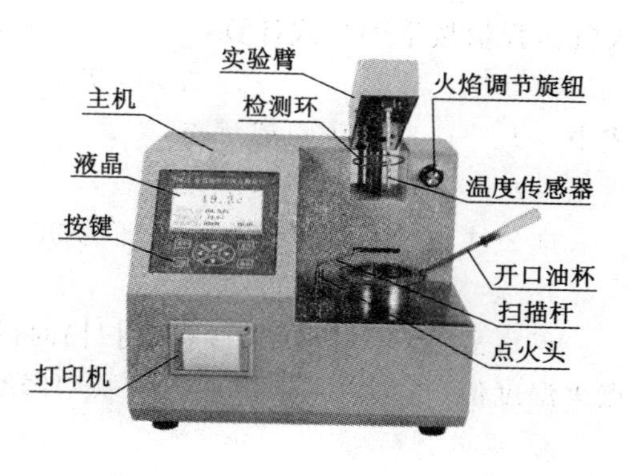

图 4-1　TP612 型全自动开口闪点测定仪

（二）适用标准及范围

本仪器是根据 GB/T 3536—2008 所规定的要求设计制造的,适用于按该标准规定的方法,测定除燃料油以外的,开口杯闪点高于 79 ℃的石油产品。

根据 GB/T 3536—2008 的规定,如需测定燃点,应继续进行实验,直到实验火焰引起实验液面的蒸气着火并至少维持燃烧 5 s 的最低温度即为燃点。在环境大气压下测得的闪点和燃点用公式修正到标准大气压下的闪点和燃点。

（三）仪器的特点

(1) 采用彩色液晶 480×272 大屏幕显示,全中文人机对话界面,无标识键盘,可预置温度、大气压强、实验日期等参数,具有提示菜单导向式输入。

(2) 模拟跟踪显示升温与实验时间,具有中文操作提示功能。

(3) 自动校正大气压强对实验的影响并计算修正值。

(4) 微分检测,系统偏差自动修正。

(5) 扫描、点火、检测、打印数据自动完成,实验臂自动升起和落下。

(6) 温度超值自动停止加热,强制风冷。

（四）仪器的工作原理

该仪器在 GB/T 3536—2008 规定的条件下,把试样装入实验杯,对装有实验油的实验杯加热,产生的石油蒸气与周围空气形成的混凝合成气体在火焰接触发生闪火时的最低温度作为闪点。计算机根据所采集的温度变化情况由 I/O 口发出指令,控制加热器,使实验油温度按一定速率上升,扫描周期、点火时间、微分检测等均实施自动控制,当闪点温度被测出时,计算机系统停止数据采集,显示闪点温度并打印记录结果,停止加热,关闭火焰,实验臂自动抬起,实验结束。

（五）仪器的使用说明

1. 步数

该功能主要用于扫描杆扫描范围的调节,步数值越大,扫描范围越宽;当扫描杆气口与点火口未对准时,可调节步数将其与点火口对准。

2. 预设闪点

若不知油样的闪点温度,应由低温向高温进行设置。

3. 大气压力

根据地区海拔高度的不同,可人工设置大气压强。

注:根据地区海拔高度不同,实验结果有相对误差,输入地区大气压强值,宜可自动校正大气压强对实验的影响并计算修正值,修正压强。参阅 GB/T 3536—2008 标准,可输入

大气压强值按下列公式计算：

$$T_c = T_o + 0.25 \times (101.3 - p)$$

式中　T_o——观察闪点或燃点，℃；

p——环境大气压，kPa。

本公式精确修正仅限在大气压为 98.0～104.7 kPa 范围之内。

4. 点火温度

点火温度即为仪器进行首次扫描时的温度值，当设置了预设闪点值后，仪器自动生成点火温度值（也可以对该数值进行手动修改），即低于预设闪点 20 ℃的温度值。

5. 温差判断

温差判断可在“开/关”间进行切换选择，在进行实验时应根据实际情况对该项进行设置。

注：若将温差判断设置为“开”，只能对在使用前将实验杯冷却到至少低于预设闪点 56 ℃时进行实验。若将温差判断设置为“关”，则可对任意温度的油样进行实验。

6. 点火时长

点火时长即为点火时间，可根据实际需要进行设置。该项只能在 6～20 s 间进行设置，一般情况下不要对该项进行修改。

四、实验材料

液化气、丙烷或乙炔气体、甘油、变压器油等。

五、实验内容及方法

（一）实验的准备工作

（1）该仪器为自动化仪器，在使用本仪器前应仔细阅读使用说明书。

（2）仔细阅读 GB/T 3536—2008，了解并熟悉标准所阐述的实验方法、实验步骤和实验要求。

（3）按照 GB/T 3536—2008 标准所规定的要求，准备好实验用的各种器具、材料等。

（4）液化气、丙烷或乙炔气经减压阀接入气源插孔内并检查是否漏气。

（二）仪器的准备工作

根据 GB/T 3536—2008，仪器的准备需满足以下要求：

（1）实验杯的清洗：先用清洗溶剂冲洗实验杯，以除去上次实验留下的所有胶质或残渣痕迹。再用清洁的空气吹干实验杯，确保除去所用溶剂。如果实验杯上留有碳的沉积物，可用钢丝绒擦掉。

（2）实验杯的准备：使用前将实验杯冷却到低于预期闪点 56 ℃及以上。

（三）实验步骤

（1）将室温或已升过温的试样装入实验杯，使试样的弯月面顶部恰好位于实验杯的装样刻线处。如果注入实验杯中的试样过多，则用移液管或其他适当的工具取出；如果试样沾到仪器的外边，应倒出试样，清洗后再重新装样。弄破或除去试样表面的气泡或样品泡沫，并确保试样液面处于正确位置。如果在实验最后阶段试样表面仍有泡沫存在，则此结果作废。

（2）将装有试样的实验杯平稳地放到加热浴套内。

(3) 打开仪器电源开关。

(4) 进入参数设置,对各参数进行设置。

(5) 参数设置完成后,按“确认”键保存设置,按“返回”键返回主界面。

(6) 打开液化气或丙烷气体的减压阀,等实验火焰自动点燃后,调节火焰大小(火焰直径为 3.2~4.8 mm)。

(7) 先按“返回”键后按“启动”键进入实验主界面。此时实验臂自动下降、气源接通、开始实验并计时,进入升温状态。

(8) 在预设闪点前至少 20 ℃时,仪器自动开始用实验火焰扫划,温度每升高 2 ℃扫划一次。先向一个方向扫划,下次再向相反方向扫划。

注:① 开始实验后当实验臂下降至实验位置后,气源阀门自动打开并伴有声响,40 s 后电子点火装置进行首次点火并持续 10 s,以后点火时间按设定进行。

② 若在实验过程中,自动点火装置发生故障,则可用仪器侧面的手动点火按钮进行点火。

③ 当在试样液面的任何一点出现闪火时,记下温度值,作为观察闪点。

④ 如果还需要测定燃点,则应继续加热,使试样的升温速度为 5~6 ℃/min,继续使用实验火焰,试样每升高 2 ℃就扫划一次,直到试样着火,并能连续燃烧至少不小于 5 s,此时立即从温度计读出温度作为燃点的测定结果。

(9) 实验完成后,实验臂自动升起,数据被存储,实验失败数据不被存储。打印实验数据,自动关闭气源阀门,测试工作完成。当仪器冷却达到低于预置温度 60 ℃时,方可进行下一杯实验。

注:仪器会自动将有效实验数据存储于数据记录中,实验结束后打印机自动打印实验结果。

(10) 实验完成后,关掉液化气及仪器并将实验杯清洗干净,待用。

六、操作安全性

(1) 当温度达到预设闪点时,经扫描被仪器自动判别为无效值时会终止实验,实验臂自动上升,自动关闭气源阀门,此时需要重新进行新的实验,本次数据不被存储。

① 当检测闪点温度与点火温度的差值小于 18 ℃时,仪器自动判别为无效值。

② 当检测闪点温度与点火温度的差值大于 28 ℃时,仪器自动判别为无效值。

(2) 当连续扫划超过预设温度加滞后温度值时(即闪点值往上 50 ℃,仪器自动延后 50 ℃),仍没有闪火现象,仪器自动判别为无效终止实验,实验臂自动上升,自动关闭气源阀门,数据不被存储,需重新实验。

(3) 当使用者需要检查仪器工作状态时,可按仪器自检键(即按右方向键),仪器完成自动升降、自动扫划和自动打印功能检测工作正常返回主界面,如工作异常时,仪器会自动提示。

七、注意事项

(1) 仪器应该在无腐蚀环境下使用。更换试样时,油杯必须进行清洗。

(2) 若开机无显示,请检查仪器后面三芯电源线接口处的保险丝是否完好。若保险丝坏掉,应更换保险丝。

注:仪器出厂时配有备用保险丝,取用时只需将保险丝支架取出,即可更换。

(3) 检测环若有油污,需用滤纸蘸干以免影响检测灵敏度。

(4) 仪器不用时,应放置在温度 10～40 ℃、相对湿度 80%以下且空气中不含腐蚀性气体和有害物质的环境中待用。

(5) 点火时长用于仪器点火时间的修正,用户不可随意修改,如需修改可在技术人员指导下进行。

(6) 第一次使用仪器,调节气源火焰时应将调节旋钮调至最小(将旋钮顺时针方向旋转至最紧),用明火点燃引火嘴。调整好火焰后,进入自动点火状态。

(7) 做实验时,应将仪器放置在能单独控制空气流的通风柜中。

(8) 在实验前将实验杯冷却到至少低于预设闪点 56 ℃及以上时进行。

(9) 如果注入实验杯的试样过多,可用移液管或其他适当的工具取出;如果试样沾到仪器的外边,应倒出试样,清洗实验杯后重新装样。

八、数据处理

将实验数据填入表 4-1。

表 4-1 闪点与燃点测定

物质名称	第一次		第二次		修正后的实验结果	
	闪点	燃点	闪点	燃点	闪点	燃点
甘油						
变压器油						
……						

九、问题讨论

(1) 实验用试样能否重复使用?

(2) 实验时的环境大气压力对实验结果有何影响?为什么?

十、实验报告

(1) 实验目的。

(2) 实验仪器。

(3) 实验步骤。

(4) 数据处理和结果分析。

实验五　常见固体可燃物点着温度测定

一、实验目的

(1) 用 DW-2A 型点着温度测定仪测定常见可燃物(如烟丝、木屑等)的点着温度。

(2) 比较各种材料在一定条件下的燃烧特性。

二、实验原理及意义

火灾根据可燃物的类型和燃烧特性,分为 A、B、C、D、E、F 六大类。

A 类火灾:指固体物质火灾。这种物质通常具有有机物质性质,一般在燃烧时能产生灼热的余烬。如木材、干草、煤炭、棉、毛、麻、纸张等火灾。

B 类火灾:指液体或可熔化的固体物质火灾。如煤油、柴油、原油、甲醇、乙醇、沥青、石蜡、塑料等火灾。

C 类火灾:指气体火灾。如煤气、天然气、甲烷、乙烷、丙烷、氢气等火灾。

D 类火灾:指金属火灾。如钾、钠、镁、钛、锆、锂、铝镁合金等火灾。

E 类火灾:指带电火灾。物体带电燃烧的火灾。

F 类火灾:指烹饪器具内的烹饪物(如动植物油脂)火灾。

固体可燃物在着火之前,通常因受热会发生分解、气化反应,释放出可燃气体。如木材、煤、塑料、橡胶等,在足够高的温度下,发生热解、气化反应,释放出可燃气体,可燃气体燃烧形成火焰。挥发性气体的释放次序大体是:H_2O、CO_2、C_2H_6、C_2H_4、CH_4、焦油、CO、H_2等。可燃固体的燃烧有两种方式:

① 可燃固体→熔融状态→可燃气体→燃烧,即:

$$S(s) \rightarrow S(l) \rightarrow S(g) \rightarrow \text{燃烧}$$

② 可燃固体→可燃气体→燃烧,如:

$$\text{木材} \rightarrow H_2、CH_4\text{等} \rightarrow \text{燃烧}$$

在各种灾害中,火灾是最经常、最普遍地威胁公众安全和社会发展的主要灾害之一。大部分的火灾都是由外部火源引燃所致,因此对可燃物点着温度的测定有助于比较各种材料在特定条件下的着火特性,为材料的设计和应用提供参考数据,以便考虑相应的安全措施。

根据 GB/T 4610—1984,点着温度是指在规定的实验条件下,从材料中分解放出的可燃气体,经外火焰点燃并燃烧一定时间的最低温度。GB/T 4610—2008 中新增加了闪燃温度的定义:在规定实验条件下,施加火焰时足够的易燃气体被点燃时的最低温度。

GB/T 4610—2008 规定的实验步骤中,先将点火火焰置于上盖喷嘴上方 2 mm 处晃动,如果在开始的 5 min 之内,喷嘴上没有(或有)连续 5 s 的火焰,则每次将炉温升高(或降低)10 ℃,用新的试样重新实验,直到测得喷嘴上出现连续 5 s 以上火焰时的最低温度为止,此温度为预定温度。每个预定的温度做 3 个试样，若有 2 个没有 5 s 以上的火焰，则将炉温升高 10 ℃，再做 3 个试样；如有 2 个出现 5 s 以上火焰的最低温度，则读取到十位数的数值，即为材料的点着温度。

三、实验仪器

DW-2A 型点着温度测定仪、秒表、点火器、不锈钢镊子等。图 5-1 为仪器外观图。

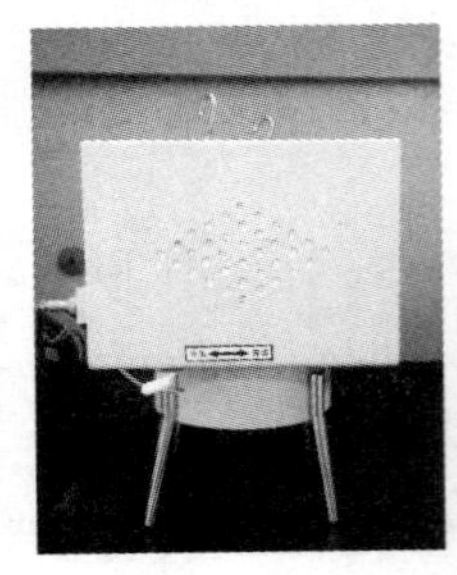

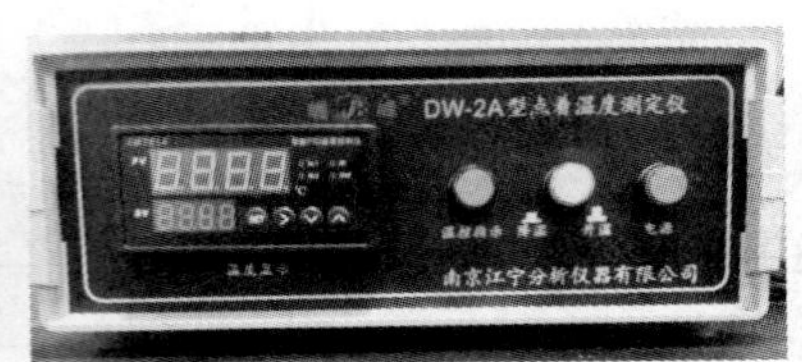

图 5-1　DW-2A 型点着温度测定仪

DW-2A 型点着温度测定仪是根据国家标准 GB/T 4610—2008 规定的技术条件而研制的。GB/T 4610—2008 中要求设备由热空气炉、炉管、内管、空气源、电加热元件、隔热层、点火器、试样托盘、夹持器、热电偶、加热装置和计时器 12 部分组成。该仪器采用了国内先进的电子元件和数字式温度显示，读数值精确而清晰，还可以预先设定温度值并显示。温度控制线路板由于采用了合成技术，具有精密度高、元件紧凑、体积小、外形美观等特点。仪器操作简单、维修方便。该仪器是评定材料燃烧性能的方法之一。点着温度可以相对比较各种材料在一定条件下的燃烧特性，为设计选材提供参考数据。

仪器工作条件：

(1) 环境温度：−10～30 ℃。

(2) 相对湿度：≤85%。

(3) 炉温：150～450 ℃之间任意温度上稳定，波动不大于±2 ℃。

四、实验试样

烟丝或木屑等，制备成粒度 0.5～1.0 mm，试样量 1 g。

根据 GB/T 4610—2008 规定：

(1) 试样材料可以是任何形状，包括复合材料，但在实验报告中应充分描述。

(2) 试样材料量至少能满足 2 次测试的要求。

(3) 试样应按 GB/T 2918—1998 的规定，实验前在温度 23 ℃±2 ℃、相对湿度 50%±5%状态下调节不少于 4 h。

五、实验内容及方法

(1) 制备所测实验材料。将实验材料粉碎、过筛，制成粒度为 0.5～1.0 mm 的试样装入实验容器中。

(2) 调节炉温：150～450 ℃之间任意温度上恒定，波动不大于±2 ℃。

(3) 连接好实验炉与控制箱的连接线，接通电源，打开电源开关，然后拨动“升温—降温”手柄(在炉体侧面),使其在“升温”位置。

(4) 设定温度时,再按住仪器面板上温控显示仪表的“↑、↓”键,选定好设定温度,按下“升温—降温”开关,使其在弹开状态。此时显示的温度为设定温度,设定温度值的上一栏为实际炉体升温的值。

(5) 炉体经过一段时间的升温,温度符合规定要求时,恒温 5 min 左右即可进行实验。

(6) 将装有 1 g 试样的容器放入铜锭炉的孔中,盖上盖子(盖子预先放在铜锭炉顶上加热)并启动秒表。

(7) 用明火点着点火器,将点火器喷嘴向上调节火焰长 10～15 mm,将点火器火焰置于盖的喷嘴上方 2 mm 处晃动。如果在开始 5 min 内,喷嘴上没有(或有)连续 5 s 的火焰,则每次将炉温升高(或降低)10 ℃,用新的试样重新实验,直到测得喷嘴上出现连续 5 s 以上火焰时的最低温度为止,并记录此温度。

(8) 每个预定的温度做 3 个试样,若有 2 个没有 5 s 以上的火焰,则将炉温升高 10 ℃,再做 3 个试样;如果 2 个出现 5 s 以上火焰的最低温度,将其修约到十位数,即为材料的点着温度。实验结束后关闭电源,对炉子和容器进行必要的维护。

(9) 在热塑性材料的测定中有发泡溢出现象时,可以将试样减少到 0.5 g,如果仍有溢出,则不能用本方法实验。

六、实验结果(表 5-1)

表 5-1　　**实验记录表**

材料	预定温度/℃	试样	火焰长度/mm	连续火焰的时间/s	火焰颜色	点燃温度
		试样一				
		试样二				
		试样三				
		试样一				
		试样二				
		试样三				

七、注意事项

(1) 使用规定的电压,仪器用电应有接地线。

(2) 测试样品时,某些材料会释放有毒有害气体,建议检测应在通风橱内进行,并做好人体防护。

(3) 点燃点火器时注意安全,火焰长度不宜过长。

(4) 实验时操作人员不能离开实验现场。

(5) 配备灭火器材,实验结束时应关闭所有电源、气源,炉温降到常温下,工作人员方可离开实验场所。

八、问题讨论

(1) 如果在热塑性塑料的测定中有发泡溢出现象时,怎么办?

(2) 查相关资料,看测定的点着温度与理论值有无差异。如有,分析原因。

九、实验报告

(1) 实验目的。

(2) 实验仪器。

(3) 实验步骤。

(4) 数据处理和结果分析。

实验六　聚合物氧指数测定

一、实验原理及意义

测定塑料等聚合物的氧指数值是评定材料易燃性的方法，同时也是验证阻燃材料阻燃性能的方法。我国于1980年公布了GB 2406—80氧指数测定标准方法。如果我们拿到一个对燃烧性能毫无了解的材料，则可在空气中进行点火试验，倘若材料能点着并连续燃烧，则进一步应在氧浓度为21%以下的条件下进行再试验；反之，则应在氧浓度为21%以上的条件下进行再试验。试验应按GB 2406—80标准中第16条规定，使用“升—降”法进行，即当试样的燃烧时间超过3 min或火焰前沿超过50 mm标线时，就降低氧浓度，用新的试样重新试验；如果试样的燃烧时间不足3 min或火焰前沿不到50 mm标线，就增加氧浓度，用新的试样重新试验，最终必须测得试样正好在3 min或50 mm处熄灭，此时试验用氧的体积百分比浓度即为材料的氧指数，通过测得氧指数可为确定材料的燃烧性能提供依据。

该标准经过修订，于2008年、2009年更新为《塑料 用氧指数法测定燃烧行为》(GB/T 2406)，其对试验原理的描述为：将一个试样垂直固定在向上流动的氧、氮混合气体的透明燃烧桶里，点燃试样顶端，并观察试样的燃烧特性，把试样连续燃烧时间或试样燃烧长度与给定的判据相比较，通过在不同氧浓度下的一系列试验，估算氧浓度的最小值。

氧指数的测定可以作为鉴定聚合物难燃性的手段，可对聚合物的燃烧过程获得较好的认识，适用于塑料、橡胶、纤维、泡沫塑料等材料的燃烧性能测试。根据《塑料 用氧指数法测定燃烧行为》，氧指数是指通入23 ℃±2 ℃的氧、氮混合气体时，刚好维持材料燃烧的最小氧浓度，以体积分数(mol)表示。本实验使用的TTech-GBT2406-2型智能临界氧指数测试仪可以很好地测定聚合物燃烧过程中所需的最低氧浓度(摩尔浓度)。

建筑物的耐火等级由各建筑构件耐火等级确定，建筑构件的耐火等级由建筑构件的燃烧性能和建筑构件的最低耐火极限决定，氧指数法为评定材料的燃烧性能提供了一种可靠的方法。

氧指数测量对于判断材料在空气中与火焰接触时燃烧的难易程度非常有效。一般认为，氧指数OI<27的属易燃料，27≤OI<32的属可燃材料，OI≥32的属难燃材料。

二、实验目的

(1) 用TTech-GBT2406-2型智能临界氧指数测试仪测量聚合物的氧指数。

(2) 掌握测量聚合物氧指数的方法。

(3) 通过实验加深对可燃物氧指数的理解。

三、实验仪器

TTech-GBT2406-2型智能临界氧指数测试仪、压缩氧气瓶、压缩氮气瓶、剪刀、钢尺、点火器等。

其中，TTech-GBT2406-2 型智能临界氧指数测试仪由机箱、试样夹具、夹具调节、燃气调节、触摸屏计时装置等部分组成。

TTech-GBT2406-2 型智能临界氧指数测试仪利用质量流量控制器，精确控制O_2/N_2的流量，通过混合室混合，充分保证浓度控制的准确性，并采用了英国顺磁氧传感器，配合检测 O_2浓度，性能良好。该测试仪针对准确度要求较高的试验用户制造，也可满足一般用户需求。

四、实验材料

塑料、橡胶、纤维、泡沫塑料等材料。

五、试样的制备

（1）取样。对大概已知氧指数在±2 以内波动的材料，需 15 根试样。对于未知氧指数的材料，或显示不稳定燃烧特性的材料，需 15～30 根试样。

（2）试样尺寸和制备。模塑和切割试样最适宜的样条形状在表 6-1 中给出。

表 6-1　　试样尺寸

试样形状[a]	尺寸			用途
	长度/mm	宽度/mm	厚度/mm	
Ⅰ	80～150	10±0.5	4±0.25	用于模塑材料
Ⅱ	80～150	10±0.5	10±0.25	用于泡沫材料
Ⅲ[b]	80～150	10±0.5	≤10.5	用于片材“接收状态”
Ⅳ	70～150	6.5±0.5	3±0.25	电器用自撑模塑材料或板材
Ⅴ[b]	140	52±0.5	≤10.5	用于软膜或软片
Ⅵ[c]	140～200	20	0.02～0.10[d]	用于能用规定的杆[d]缠绕“接收状态”的薄膜

[a] Ⅰ、Ⅱ、Ⅲ和Ⅳ型试样适用于自撑材料，Ⅴ型试样适用于非自撑的材料。

[b] Ⅲ和Ⅴ型试样所获得的结果，仅用于同样形状和厚度的试样的比较，假定这样材料厚度的变化量是受到其他标准控制的。

[c] Ⅵ型试样适用于缠绕后能够自撑的薄膜，表中的尺寸是缠绕前原始薄膜的形状。

[d] 限于厚度能够用规定的棒缠绕的薄膜，如薄膜很薄，需两层或多层进行缠绕，以获得与Ⅵ型试样类似的结果。

（3）试样的标线。为了观察试样的燃烧距离，可根据试样的类型和所用的点火方式在一个或多个面上画标线。自撑试样至少在两相邻表面画标线。如使用墨水，在使用前应使标线干燥。

① 顶面点燃试样标线。实验Ⅰ、Ⅱ、Ⅲ、Ⅳ和Ⅴ型试样时，应在离点燃端 50 mm 处画标线。

② 扩散点燃试样标线。实验Ⅴ型试样时，标线画在支撑框架上。在实验稳定性材料时，为了方便，在离点燃端 20 mm 和 100 mm 处画标线。

实验Ⅰ、Ⅱ、Ⅲ、Ⅳ和Ⅵ型试样时，在离点燃端 10 mm 和 60 mm 处画标线。

（4）试样装入试样夹内，用螺丝固定夹紧。

（5）状态调节。除非另有规定，否则每个试样实验前应在温度 23 ℃±2 ℃和湿度 50%±

5%条件下至少调节 4 h。

六、实验内容及方法

(1) 开启电源，等待触摸屏启动。开启氧气瓶及氮气瓶，压力调节至 0.2 MPa。

(2) 单击开机界面中实验页面按钮，进入如图 6-1 所示画面。

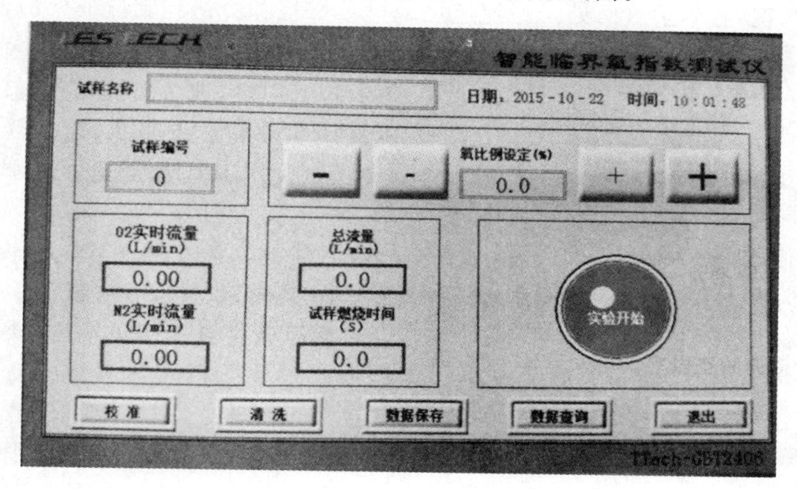

图 6-1

设置试样编号，系统默认总流量为 12.1 L/min[总流量依据燃烧筒(40 mm±2 mm)/s 气体流量及燃烧筒内径计算得出，如无特殊要求，请勿更改]。

(3) 选择起始氧浓度，可根据类似材料的结果选取。另外，可观察试样在空气中的点燃情况，如果试样迅速燃烧，选择起始氧浓度约为 18%(体积分数)；如果试样缓慢燃烧或不稳定燃烧，选择起始氧浓度约为 21%(体积分数)；如果试样在空气中不连续燃烧，选择起始氧浓度至少为 25%(体积分数)。这取决于点燃的难易程度或熄灭前燃烧时间的长短。

(4) 设定需要实验的氧浓度值，确保燃烧筒处于垂直状态。将试样垂直安装在燃烧筒的中心位置，使试样的顶端低于燃烧筒顶口至少 100 mm，同时试样的最低点的暴露部分要高于燃烧筒基座的气体分散装置的顶面 100 mm。

(5) 按下“实验开始”键，氧、氮气体开始流入混合室，系统自动调整氧浓度值。

注：此氧浓度值为氧传感器读取值。在输入设定值时，系统会自动分配氧气和氮气流量从而得到设定的氧浓度值，但因气源的气体通常情况下并非 100%纯净氮气及氧气，故浓度设定后传感器得到的实时氧浓度值可能会与设定值有微小偏差。

(6) 在点燃试样前至少用混合气体冲洗燃烧筒 30 s，确保点燃过程中及试样燃烧期间气体流速不变(因氮流量较大，管路中单向阀将产生振动声音，不影响实验)。

(7) 点燃手持式点火器。

① 方法 A——顶面点燃法

顶面点燃法是在试样顶面使用点火器点燃。将火焰的最低部分施加于试样的顶面，如需要，可覆盖整个顶面，但不能使火焰对着试样的垂直面或棱，施加火焰 30 s，每隔 5 s 移开一次，移开时恰好有足够的时间观察试样的整个顶面是否处于燃烧状态。在每增加 5 s 后，观察整个试样顶面是否持续燃烧，如是则立即移开点火器，此时试样被点燃并开始记录燃烧时间和观察燃烧长度。

② 方法 B——扩散点燃法

扩散点燃法是使点火器产生的火焰通过顶面下移到试样的垂直面。下移点火器把可见火焰施加于试样顶面并下移到垂直面近 6 mm，连续施加火焰 30 s，包括每 5 s 检查试样的燃烧中断情况，直到垂直面处于稳定燃烧或可见燃烧部分达到支撑框架的上标线为止。如果使用Ⅰ、Ⅱ、Ⅲ、Ⅳ和Ⅵ型试样，则燃烧部分达到试样的上标线为止。

注：安装手持式点火器，把点火器上凸起的黑色块插入气瓶上的凹槽，然后顺时针旋转(15°左右)拧紧。实验完成后，把气瓶拆下，以防长时间放置，产生漏气。

首先打开气管总阀，逆时针旋转半圈左右(顺时针方向为关闭阀门方向，逆时针方向为打开阀门方向)。然后打开二级开关阀(顺时针方向为关闭阀门方向，逆时针方向为打开阀门方向)。当听到有气流流过的轻微声音时，用打火机靠近点火器灯管出口，点燃点火器，此时二级开关阀不要打开过大，防止火焰太大，发生危险。

(8) 实验过程中试样燃烧时，可点击面板上燃烧计时按钮进行计时。实验完成后再次点击计时按钮结束计时，实验停止。屏幕上的确认氧浓度值为实验结束时的瞬时氧浓度值。

(9) 实验结束后，点击屏幕数据保存按钮，保存实验数据。

(10) 结束实验。

按照预点火的过程，点燃喷灯火焰，再关闭丙烷罐的压力调节阀，目的是使从丙烷罐到喷灯管路内的丙烷气体燃烧尽，以防止剩余可燃气体流入实验室。

尾气燃烧过程中，可逐渐调节流量调节阀，放大流量，以便使管路中气体燃尽。待火焰自动熄灭后，关闭电源，清理燃烧箱。

七、数据处理

将仪器测得的实验数据填入表 6-2。

表 6-2　实验数据记录表

实验材料	尺寸	试样	燃烧时间/min	烧掉长度/mm	氧指数	燃烧现象	氧指数平均值
		试样 1					
		试样 2					
		试样 3					
		试样 4					
		试样 5					
		试样 6					
		试样 7					
		试样 8					
		试样 9					
		试样 10					

八、问题讨论

为什么在测试前或改变氧浓度时，系统必须冲洗？若不进行冲洗，对实验结果有什么影响？

九、实验报告

（1）实验目的。
（2）实验仪器。
（3）实验步骤。
（4）数据处理和结果分析。

实验七　水平垂直燃烧测试实验

材料的燃烧性能对人们的财产及生活安全有着密切影响，随着高分子材料的应用逐渐广泛，其阻燃性能的重要性日益凸显。聚合物的燃烧性能通常是指聚合物在规定的实验条件下对火反应行为。因此，对火反应的燃烧测试方法研究也一直备受关注。真实火灾的发展具有很大的不确定性，真实火灾很难重复，材料的燃烧特性也并非从真实火灾中获得。由于大型火灾实验（即所谓的全尺寸火灾实验，如 ISO 9705、屋角实验）与真实环境相近，在此类大型火灾实验中获得的材料火灾特性才具有可靠性。但是，由于大型火灾实验属于破坏性实验，耗时费力、成本高，很难实现便捷化，因此，选择与大型火灾实验具有相关性且相对便捷的小尺寸燃烧实验作为基础，根据小尺寸燃烧实验所获得的材料燃烧特性参数预测材料的火灾特性，在现阶段对于材料火灾危险预防与控制具有重要意义。

目前评定材料的阻燃性能有多种测试方法，如氧指数法、骤然温度法、燃烧速率法、UL94 法等。可燃性 UL94 等级是应用最广泛的塑料材料可燃性能标准。它用来评价材料在被点燃后熄灭的能力。根据燃烧速度、燃烧时间、抗滴能力以及滴珠是否燃烧可有多种评判方法。UL94 燃烧实验标准（第五版，2011）由美国保险商试验所 UL 颁布，已是国际上公认且被广泛使用的燃烧实验标准之一。该标准可作为判断材料的燃烧性能在特定用途下是否合格的初步依据。该实验方法主要分为五种不同类型：B 级的水平燃烧实验，94V-0、94V-1、94V-2 级的垂直燃烧实验，94 5-V 级的垂直燃烧实验，辐射板火焰蔓延指数实验以及薄膜材料垂直燃烧实验。

一、实验目的

（1）学习 UL94 水平垂直燃烧测试仪的原理及使用方法。

（2）测试材料处于特定火焰下水平或垂直方向的燃烧性能。

二、仪器与设备

水平垂直燃烧测试仪依据 GB/T 2408—2008 研制，用于测定塑料和非金属材料处于特定火焰下水平或垂直方向的燃烧性能，用于模拟技术评定着火危险。该仪器主要由控制部分和燃烧室两部分构成，面板功能简介如表7-1 所列，具体结构如图 7-1 和图 7-2 所示。

表 7-1　　面板功能简介

电源开关	电源按钮及电源指示灯
蜂鸣器	水平燃烧实验时，引燃时间结束提醒；垂直燃烧实验时，火焰冲击时间结束提醒
压力表	显示气体压力
气压调节	调节气体压力

续表 7-1

流量计	调节及显示气体流量
计时按钮	水平实验时，燃烧时间计时；垂直实验时，余焰时间、余辉时间计时
急停按钮	紧急情况下停止实验，关闭气路
差压计	显示外部大气与内部燃气之间压力差

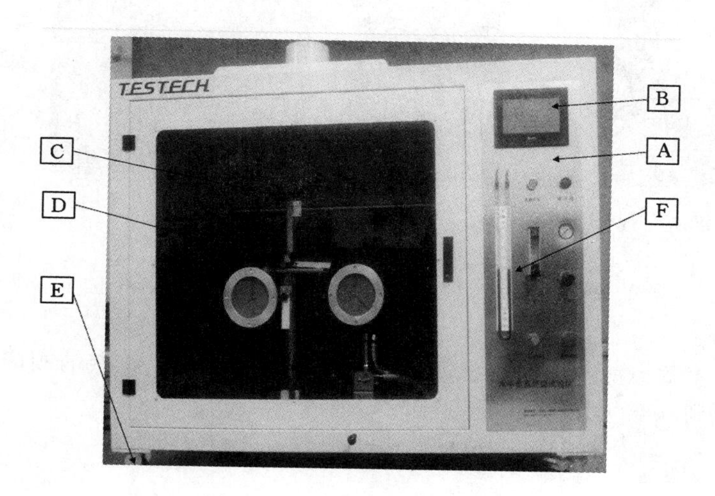

图 7-1　水平垂直燃烧测试仪

A——控制面板；B——液晶触摸屏；C——箱门；
D——试样夹；E——滚轮；F——U 型差压计

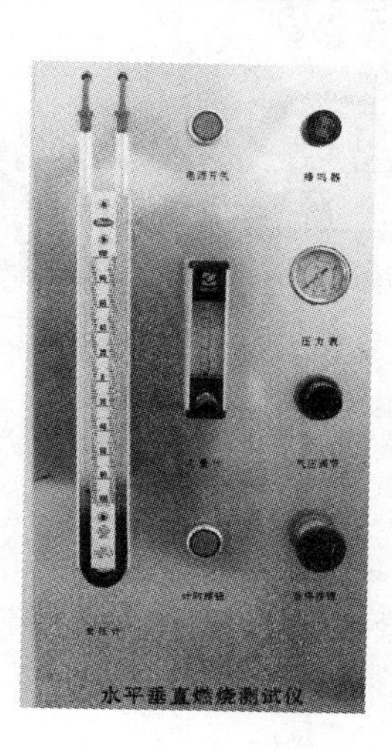

图 7-2　控制面板

工作原理：将长方形条状试样的一端固定在水平或者竖直夹具上，其另一端暴露于规定的实验火焰中。通过测量线性燃烧速率，评价试样的水平燃烧行为；通过测量其余焰和余辉时间、燃烧的范围和燃烧颗粒滴落情况，评价试样的垂直燃烧行为。

三、实验内容与步骤

（一）试样制备

实验样品应由能代表产品的模塑样品切割而成，也可采用与模塑产品一样的工艺进行制备或采用其他适宜的方法制成。对于条状试样尺寸应为：长(125±5)mm，宽(13±0.5)mm，而厚度通常应提供材料的最小和最大厚度，但厚度不应超过 13 mm。边缘应平滑，同时倒角半径不应超过 1.3 mm。

（二）试样夹

(1) 试样夹如图 7-3 和图 7-4 所示，为了评定火焰蔓延的可能性，需在试样下方放置棉层。

(2) 夹持试样，将试样固定于试样夹上。

① 水平实验：标记两条线，距点燃端 25 mm 和 100 mm 处；夹住试样，45°±2°的夹角；(10±1) mm 的距离，保持喷灯倾斜 45°。

② 垂直实验：夹住试样上端 6 mm 的长度，使试样下端高出水平棉层(300±10)mm；保持喷灯纵轴垂直，使喷灯火焰保持在试样的底边中心，且喷灯与试样底部距离(10±1)mm；若试样燃烧滴落，则应使喷灯倾斜 45°，且喷灯与试样底边应保持(10±1)mm。在火焰冲击下，必要

图 7-3　水平实验标准试样夹

图 7-4　垂直实验标准试样夹

时，根据试样在燃烧情况下长度和位置的变化，移动试样夹以保持与喷灯之间的距离。

（三）通电通气

连接电源后，打开控制面板上的电源开关。然后依次打开钢瓶室的丙烷气体瓶的阀门和气路上的阀门，调节气体压力到 0.01 MPa。

（四）进入实验

1. 水平燃烧（表 7-2）

表 7-2　　水平燃烧实验步骤

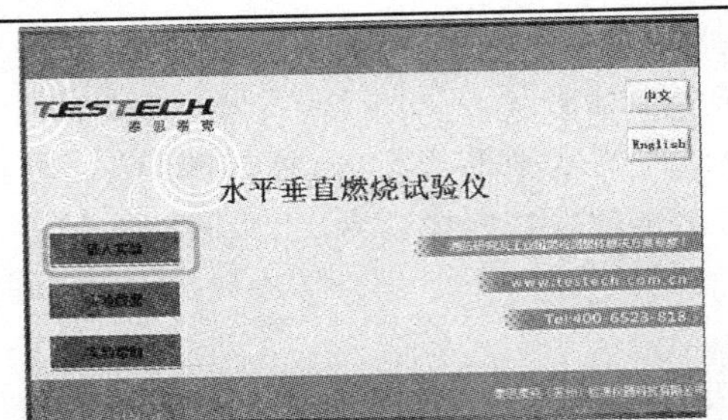 点击“进入实验”按钮	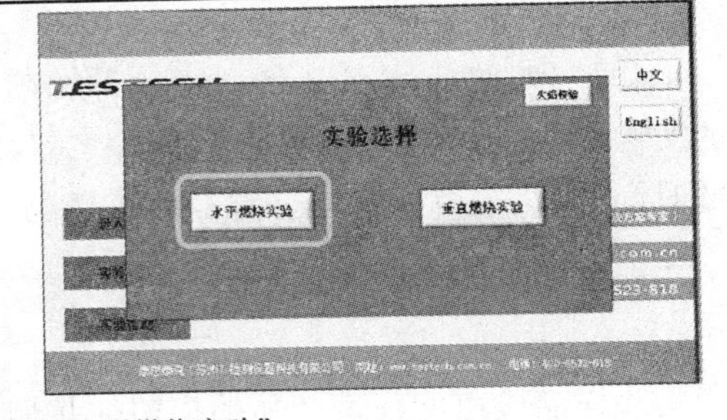 选择“水平燃烧实验”
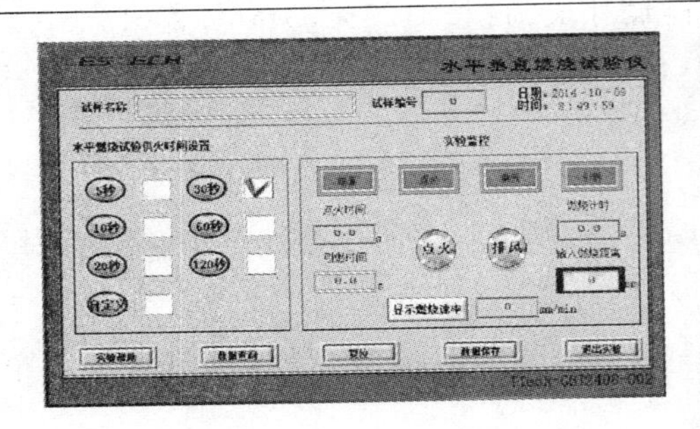 点击“点火”按钮开始点火，同时调节流量调节阀，调节气体流量，直到有火焰产生（当喷灯拉杆未推进底部时才能点火成功）	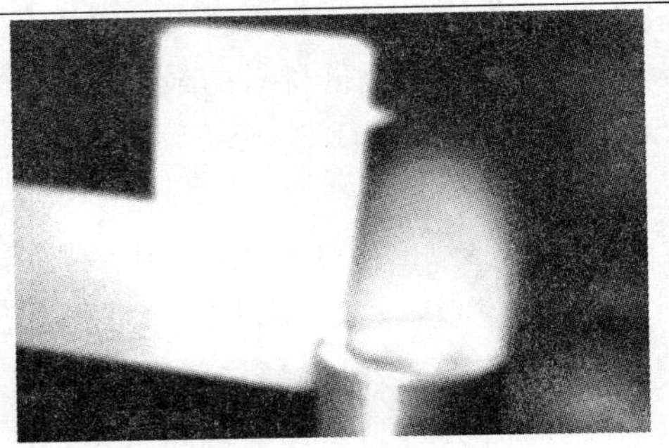 调节气体流量，调节火焰为（20±2）mm 的蓝焰（参考建议气体流量为 0.03 L/min）

续表 7-2

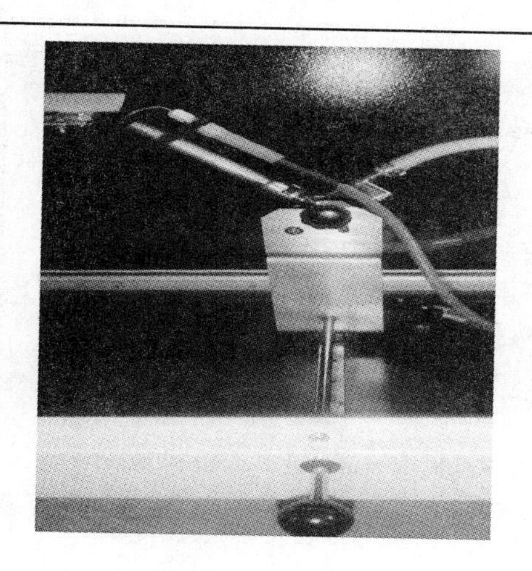

推进喷灯拉杆至最底处，引燃试样（引燃时间可以选择，标准引燃时间默认为 30 s）

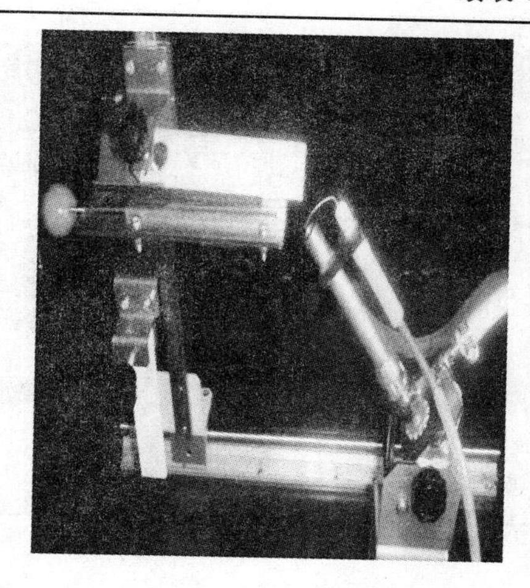

试样开始引燃，引燃时间结束时，蜂鸣器发出报警声提醒一声，同时气路关闭（当使用支撑架支撑试样时，以近似火焰向前燃烧延伸的速度回撤支撑架，以免影响试样燃烧）

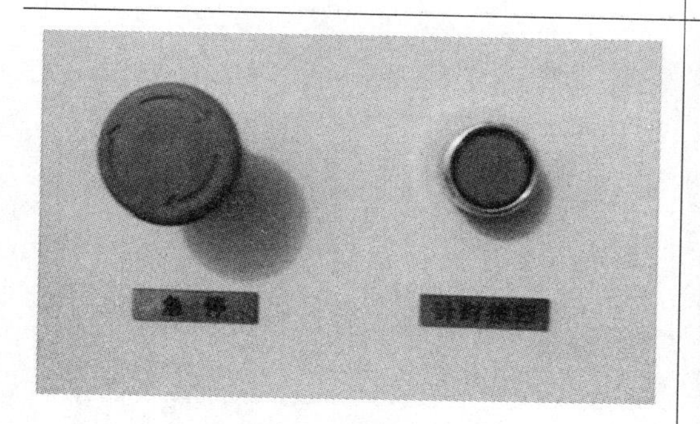

当试样燃烧至 25 mm 标志线时，按下“计时按钮”，燃烧时间开始计时，当试样火焰熄灭或燃烧至 100 mm 处时，再次按下“计时按钮”，结束计时（当试样在引燃期间燃烧至 25 mm 处，按下“计时按钮”，燃烧时间开始计时，同时气路自动关闭）

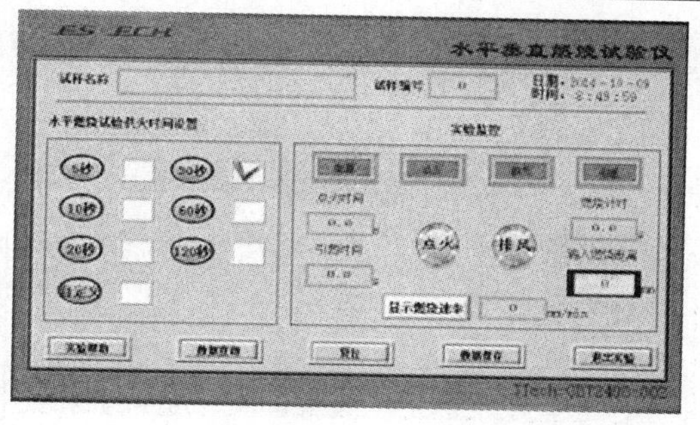

当燃烧计时结束后，输入燃烧距离，点击“显示燃烧速率”显示实验结果

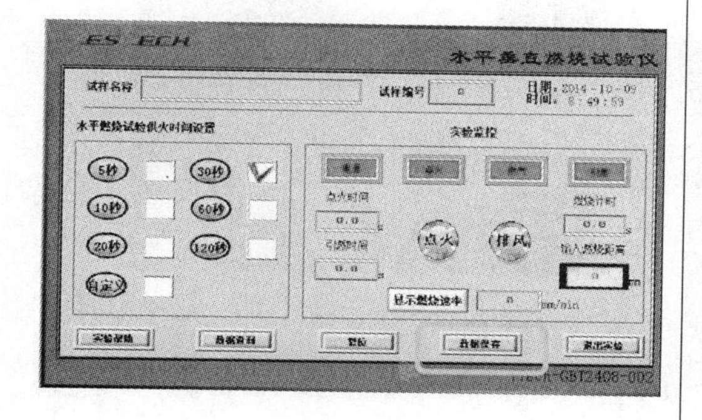

点击“数据保存”按钮

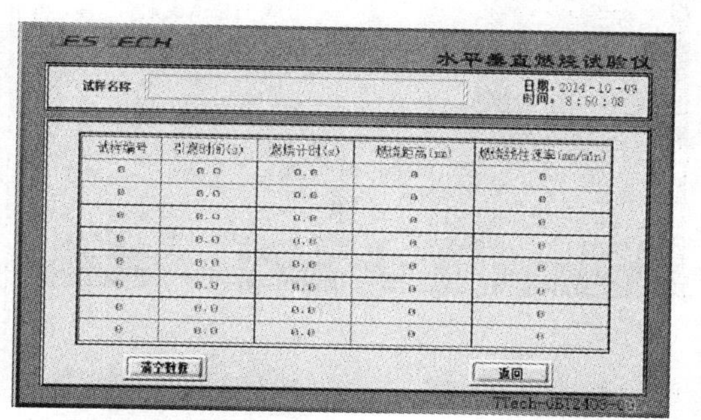

画面会自动跳转到实验报告界面，同时数据会自动保存在水平燃烧实验报告中

续表 7-2

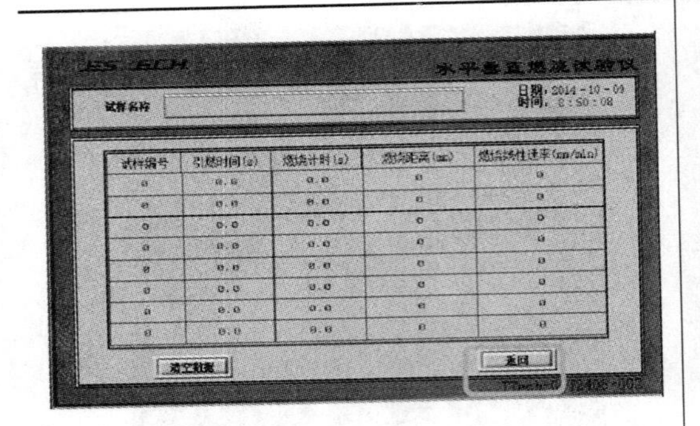 点击“返回”按钮，进行下一个试样的实验	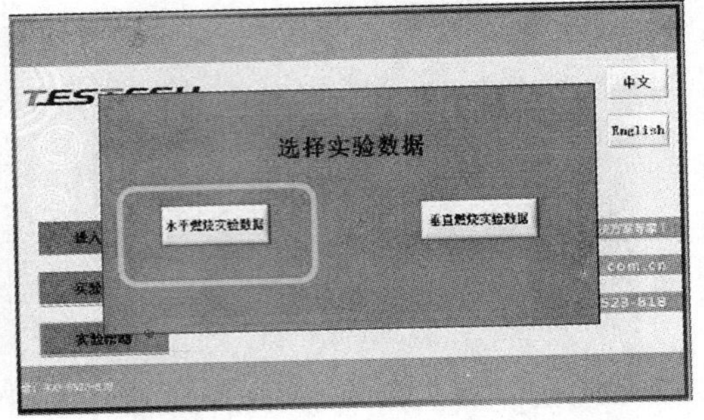 可点击“实验报告”按钮，查询水平燃烧实验报告

2．垂直燃烧(表 7-3)

表 7-3　垂直燃烧实验步骤

 点击“进入实验”按钮	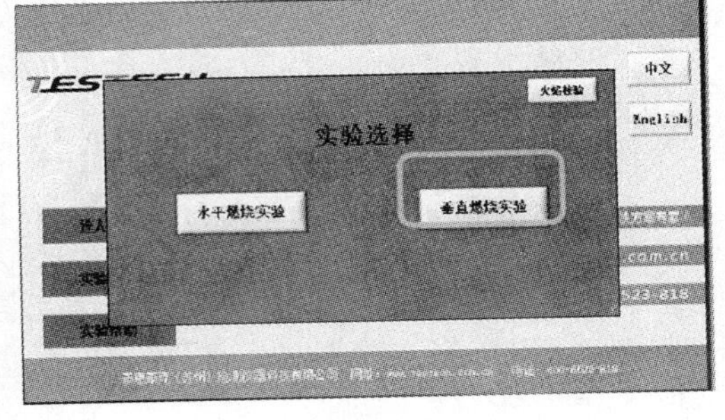 选择“垂直燃烧实验”
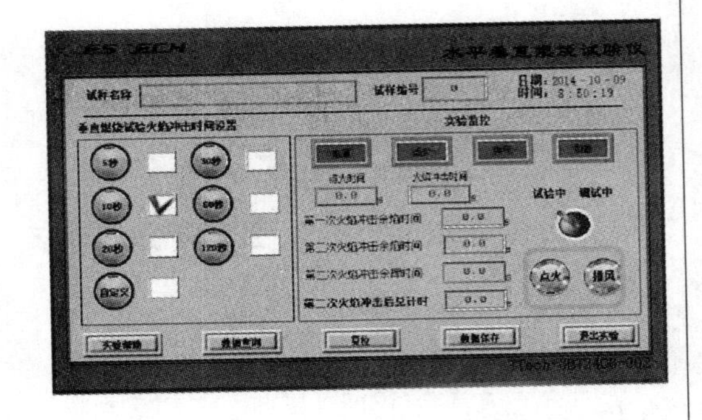 点击“点火”按钮开始点火，同时调节流量调节阀，调节气体流量，直到有火焰产生（当喷灯拉杆未推进底部时才能点火成功）	 调节气体流量，调节火焰为(20±2) mm 的蓝焰（参考建议气体流量为 0.03 L/min）

续表 7-3

推进喷灯拉杆至最底处，火焰第一次冲击试样（冲击时间可以选择，标准冲击时间默认为 10 s）

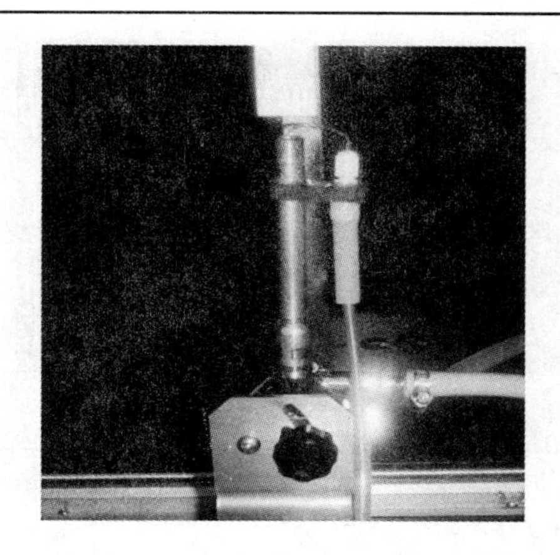

试样开始燃烧，火焰冲击时间结束时，蜂鸣器发出报警声提醒一声，同时拉出喷灯拉杆，第一次余焰时间开始计时［火焰冲击时，随着试样位置与长度的变化，必要时，可在垂直面内调节试样夹，使试样与喷灯之间保持（10±1）mm 距离］

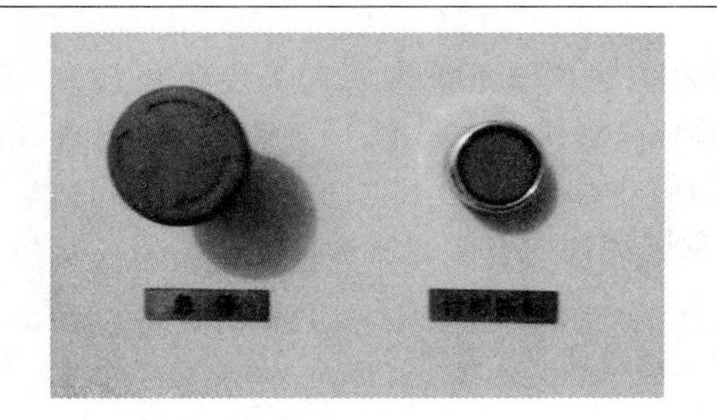

当余焰熄灭时，按下“计时按钮”结束计时，同时调整试样剩余部分与喷灯距离为（10±1） mm，再次推进喷灯拉杆，进行第二次火焰冲击

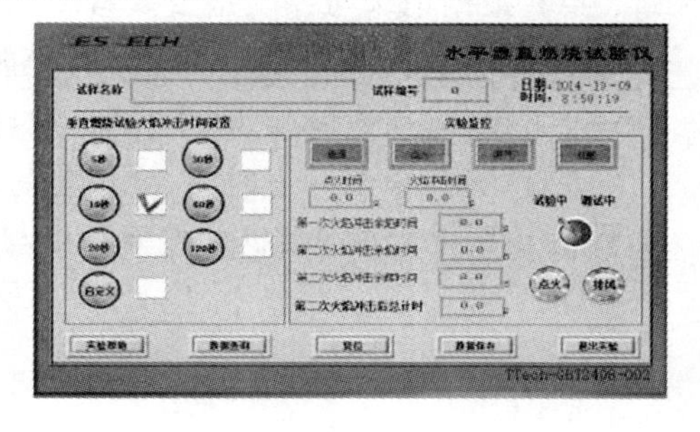

当第二次火焰冲击结束后，蜂鸣器发出报警声提醒一声，拉出喷灯拉杆，同时气路自动关闭，第二次余焰时间、总时间开始计时，当余焰熄灭但有余辉时，再次按下“计时按钮”结束余焰计时，余辉时间开始计时，当试样没有余辉时，再次按下“计时按钮”，结束余辉计时和总计时

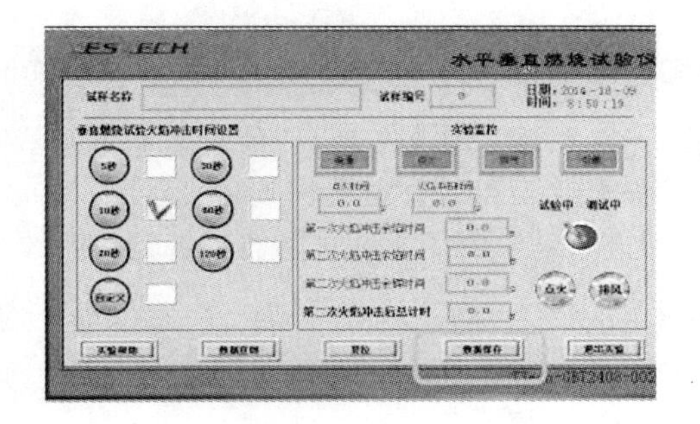

点击“数据保存”按钮

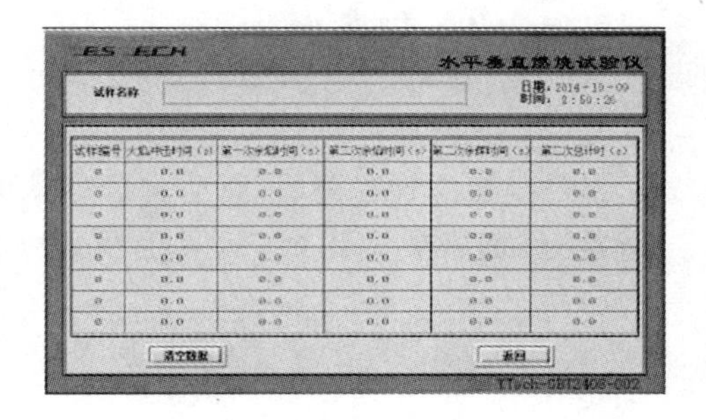

画面会自动跳转到实验报告界面，同时数据会自动保存在垂直燃烧实验报告中

续表 7-3

	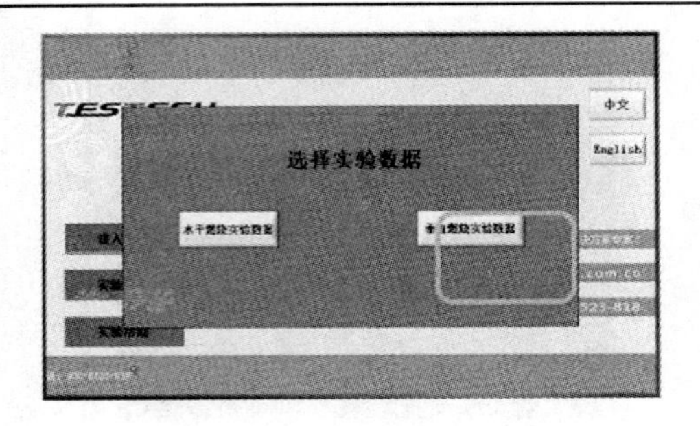
点击“返回”按钮，进行下一个试样的实验	可点击“实验报告”按钮，查询垂直燃烧实验报告

（五）结束实验

按照预点火的过程，点燃喷灯火焰，再关闭丙烷罐的压力调节阀，目的是使从丙烷罐到喷灯管路内的丙烷气体燃烧尽，以防止剩余燃气气体流入实验室。燃烧尾气过程中，可逐渐调节流量调节阀，增大流量，以便使管路中气体燃尽。待火焰自动熄灭后，关闭电源，清理燃烧箱。

四、实验数据记录与实验报告撰写

实验过程中要及时、准确记录各类实验数据和内容，数据记录应包含以下内容：

（1）水平燃烧：引燃时间、燃烧计时、燃烧距离、燃烧线性速率。

（2）垂直燃烧：火焰冲击时间、余焰时间、余辉时间。

实验完成后及时处理数据并按要求撰写实验报告。

实验八　噪声测量与频谱分析

目前，噪声已成为在世界范围内危害人类健康的重要因素，为三大公害之一。我国《工业企业噪声卫生标准(试行草案)》规定：对于新建、扩建和改建的工业企业，工人工作地点的等效连续声级不得大于 85 dB(A)；对于现有工业企业，不得大于 90 dB(A)。

对噪声进行正确的测量和声源特征分析，是有效控制噪声污染的基础工作。

一、实验背景知识

声波的性质主要由声强大小、频率高低和波形特点所确定。一般把这三个参数称为表征声音性质的三要素。对于噪声的三要素可以采用物理量如声压和声压级、声强和声强级、声功率和声功率级以及频谱来度量，也可以用人的听觉，如响度和响度级、各种计权网络声级和感觉噪声级来度量。

(一) 级和分贝

声压级是以分贝(dB)来表示的，可以使我们在小数字范围内对声压进行计算。

分贝(dB)原是电气工程师在电讯领域开始应用的。在声学中，我们用所研究数量与一个任选参考量取以 10 为底的对数量——级，作为表示声音大小的常用单位，即以声压级、声强级和声功率级来代替声压、声强和声功率。级是一个做相对比较的无量纲量，其数学表达式为：

$$L = 10\lg\left(\frac{W}{W_0}\right) \tag{8-1}$$

式中　L——级；

W——所研究的功率，W；

W_0——基准功率，W。

根据级的定义，声压级的数学表达式应为：

$$L_P = 10\lg\frac{P^2}{P_0^2} = 20\lg\frac{P}{P_0} \tag{8-2}$$

式中　L_P——声压级，dB；

P——声压有效值，Pa；

P_0——基准声压，是频率在 1 000 Hz 时的听阈声压，即人耳刚能听到声音时的声压，其值为 2×10^{-5} Pa。

同理，可得声强级与声功率级分别为：

$$L_I = 10\lg\frac{I}{I_0}\quad(\text{dB})$$

$$L_W = 10\lg\frac{W}{W_0}\quad(\text{dB})$$

式中 I_0——基准声强，是频率在 1 000 Hz 时的听阈声强，其值为10^{-12} W/m^2；

W_0——基准功率，其值为 10^{-12} W。

1. 分贝的加法

声压级叠加方法，我们可以用各频带下的分贝相加求得距离某一噪声源一定距离地点的全声压级，同时还可以用分贝相加的方法求得两个或更多个声源同时作用时，在距声源 r m 处的总声压级。

声源的声功率或声强可以代数相加，由此可导出计算若干个声源的总声压级公式：

$$L_P = 10\lg\left(\sum_{i=1}^{n} 10^{L_{P_i}/10}\right) \tag{8-3}$$

式中 L_P——若干个声源总声压级，dB；

L_{P_i}——任一个声源的声压级，dB。

2. 分贝的减法

把某一噪声作为被测对象，与被测对象噪声无关的干扰噪声的总和，称为相对于被测对象的本底噪声，它由环境噪声和其他干扰噪声组成。本底噪声可以被测定，本底噪声和被测对象噪声的总和也可以测定，所以必须从总噪声级中减去本底噪声才能得到被测对象的噪声。

分贝相减法的过程类似于分贝相加，已知总声级方程和外界或背景声压级方程为：

$$L_P = 10\lg\left(\frac{P}{P_0}\right)^2$$

$$L_{P_B} = 10\lg\left(\frac{P_B}{P_0}\right)^2$$

由此便可得被测声源的声压级为：

$$L_{P_s} = 10\lg\left[\left(\frac{P}{P_0}\right)^2 - \left(\frac{P_B}{P_0}\right)^2\right]$$

或：

$$L_{P_s} = 10\lg(10^{L_P/10} - 10^{L_{P_B}/10}) \tag{8-4}$$

式中 L_P——总声压级，dB；

L_{P_s}——待测声源的声压级，dB；

L_{P_B}——外界或背景噪声声压级，dB。

（二）噪声频谱

各种声源发出的声音都有它的“个性”。不同声音的“个性”又是由它的频率和相应的强度所确定的。为了了解一个噪声的特性，往往要知道声压级和频率之间的关系，即哪一个频率或哪一段频率中噪声最强或最弱，一般把声压级与频率的这种关系叫频谱，而把表示这种关系的图形叫频谱图。据此，我们就可以进行频谱分析，即分析频率的组成和相应的强度。通过噪声的频谱分析，就能了解噪声的频率特性，为控制噪声和设计降噪结构提供依据。

1. 倍频程

可听声从低频到高频，其变化范围高达 1 000 倍。为了方便和实用，通常把宽广的声频变化范围划分为若干较小的区段，称为频程或频带。频程有上限频率值、下限频率值和中心频率值，上下限频率之差，即中间区域称为频带宽度，简称带宽。

实践表明，比较两个不同频率的声音时，有决定意义的是两个声音频率的比值，而不是它们的差值。若将 20～20 000 Hz 的频率范围,按频率倍比的关系划分,每个频带的上限频率和下限频率相差一倍,即相邻频率之比为 2∶1,这种频程称为倍频程。

为了得到比倍频程更为详细的频谱,也常使用 1/3 倍频程。1/3 倍频程就是把每一个倍频程的频带再按比例等比关系分为 3 段,使频带宽度更窄,也就是在一倍频程的频率之间再插入两个频率,则这四个频率成以下比例:$1:2^{\frac{1}{3}}:2^{\frac{2}{3}}:2$。

为了方便,一倍频程和 1/3 倍频程都常用其中心频率来表示,中心频率可由下式求出:

$$f_c = \sqrt{f_u \cdot f_l} \tag{8-5}$$

式中　f_c——中心频率,Hz;

f_u——上限频率,Hz;

f_l——下限频率,Hz。

2. 频谱

除了个别仪器和乐器发出的声音外,单一频率的纯音是很少见的,一般都是由强度不同的许多频率的纯音所组成,这种声音称为复音。组成复音的强度与频率的关系图称为声频谱或简称频谱,也就是在频率域上描述声音的变化规律。不同的声音有不同的频谱。通常以频率(或频带)为横坐标,以声压级(或声强级、声功率级)为纵坐标绘出噪声的测量图形来表述噪声频谱。在倍频带噪声频谱中,所有频率范围被分成 10 个倍频带。按照国际规定,采取的倍频带中心频率为 31.5 Hz、63 Hz、125 Hz、250 Hz、500 Hz、1 000 Hz、2 000 Hz、4 000 Hz、8 000 Hz、16 000 Hz。频率每增加一倍(倍频程),在噪声谱的横坐标中按相等的线段予以截取。

由于可听频率的宽广和声波波形的复杂性,频谱的形状大致可分为线谱、连线谱和混合谱,如图 8-1 所示。线谱表示的是具有一系列分离频率成分所组成的声音,在频谱图上是一系列竖直线段,线谱也称离散谱。如果在频谱上对应各频率成分的竖直线排列得非常紧密,在这样的频谱中声能连续地分布在宽广的频率范围内,成为一条连续的曲线,称为连续谱。连续频谱的频率成分相互间没有简单的整数比的关系,听起来没有音乐的性质,其频率和强度都是随机变化的。有些声源,如敲锣、鼓风机所发出的声音的性质,既有连续的噪声频谱,也有线谱,是两种频谱的混合谱,听起来有明显的音调,但总的说来没有音乐的性质。例如,在机床变速箱的频谱中,常发现有若干个突出的峰值,它们大多是由于齿啮合等原因引起的。在分析噪声的产生原因时,对频谱图中较突出的成分应予以注意。

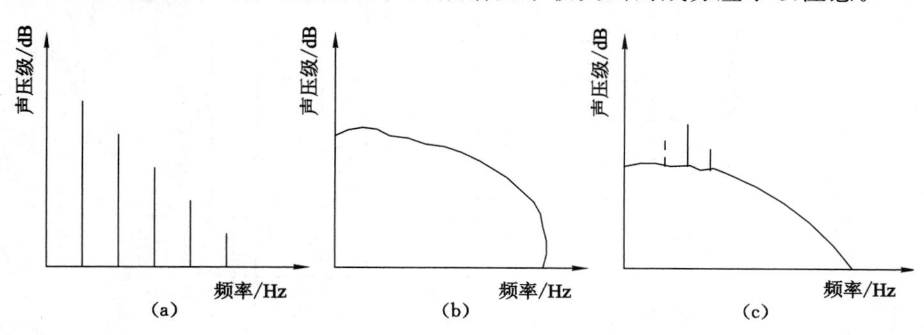

图 8-1　声音的三种频谱

(a) 线谱;(b) 连续谱;(c) 线谱和连续谱混合

（三）A 声级

人们对声音强弱的主观感受可以用响度来描述，但其测量和计算都十分复杂，因此目前世界各国基本上都采用 A 声级来评价噪声。

噪声测量仪器——声级计，按其工作要求，声级计的“输入”信号是噪声客观的物理量声压，而“输出”信号，不仅是对数关系的声压级，而且最好是符合人耳特性的主观量响度级。声压级没有反映频率的影响，即只有平直的频率响应。为使声级计的“输出”符合人耳的特性，应通过一套滤波器网络造成对某些频率成分的衰减，使声压级的水平线修正为相对应的等响曲线。由于每条等响曲线的频率响应（修正量）各不相同，若想使它们完全符合，在声级计上至少需设 13 套修正电路，这是很困难的。国际电工委员会标准规定，在一般情况下，声级计上只设三套修正电路，即 A、B、C 三种计权网络。目前还出现 D(D_1、D_2)、E 和 SL 几种计权。参考等响曲线，设置计权网络，从而对人耳敏感的频域加以强调，对人耳不敏感的频域加以衰减，就可以直接读出反映人耳对噪声感觉的数值，使主客观量趋于统一。常用的为 A 计权和 C 计权，B 计权已逐渐淘汰，D 计权主要用于测量航空噪声，E 计权是新近出现的，SL 计权是用于衡量语言干扰的。

A、B、C 计权网络是分别效仿倍频程等响曲线中的 40 方、70 方和 100 方曲线而设计的。A 计权网络较好地模仿了人耳对低频段（500 Hz 以下）不敏感，而对 1 000～5 000 Hz 敏感的特点。用 A 计权测量的声级来代表噪声的大小，叫作 A 声级，记作分贝（A），或 dB(A)。由于 A 声级是单一数值，容易直接测量，并且是噪声所有频率成分的综合反映，与人主观反映接近，故目前在噪声测量中得到最广泛的应用，并用来作为评价噪声的标准。但是 A 声级代替不了用倍频程声压级表示的其他噪声标准，因为 A 声级不能全面地反映噪声源的频谱特点，相同的 A 声级其频谱特性可能有很大差异。

利用 A、B、C 三挡声级读数可约略了解声频谱特性。由图 8-2 中各种计权网络的衰减曲线可以看出：

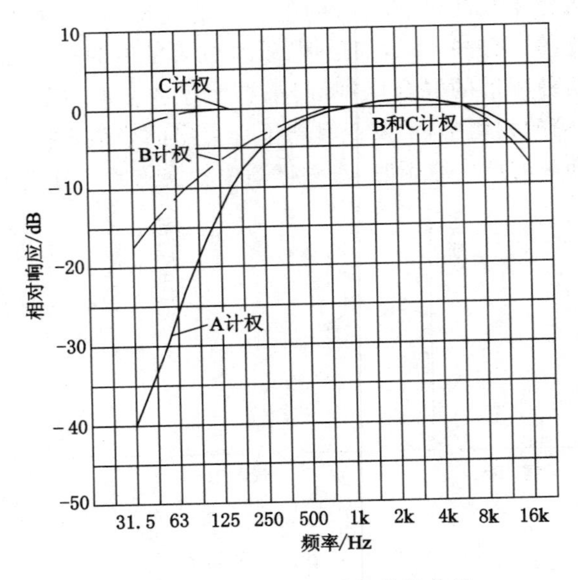

图 8-2　A、B、C 计权特性曲线

当 $L_A = L_B = L_C$ 时，表明噪声的高频成分较突出；

当 $L_C = L_B > L_A$ 时，表明噪声的中频成分较多；

当 $L_C > L_B > L_A$ 时，表明噪声是低频特性。

（四）噪声测量仪器

根据不同的测量目的和要求，可选择不同的测量仪器和不同的测量方法。

对于厂矿噪声的现场测量，最常用的仪器是声级计和频谱分析仪。分析仪和自动记录仪联用，可自动地把频谱记录在坐标纸上。如果现场缺少上述仪器，可先用录音机把被测试的噪声记录下来，然后再在实验室里用适当的仪器进行频谱分析。

1. 声级计

声级计是厂矿进行快速现场测量的一种基本测量仪器，它体积小、质量轻，用干电池供电，便于携带。一般由传声器、放大器、计权网络、指示表头等部分组成。

传声器又叫话筒，它的作用是把声信号转换成电信号，电信号经放大器放大后，由计权网络计权，再经整流器变为直流，由指示表头加以显示。计权网络是根据人耳对声音的频率响应特性而设计的电滤波器。指示表头可以是针尖式，也可以是数字式，其读数是声压的有效值，也叫均方根值。

2. 频谱分析仪

频谱分析仪是用来测量噪声频谱的仪器，它主要由两大部分组成，一部分是测量放大器，一部分是滤波器。滤波器是把复杂的噪声成分，分成若干个频带，测量时只允许某个特定频带的声音通过，此时表头指示的读数是该频带内的声压级。厂矿常用的有倍频程滤波器和 1/3 倍频程滤波器。

（五）噪声测量的方法

测量前要对仪器进行检查，在仪器正常的前提下还要用声学校准器（活塞发声器）进行校准。

1. 测量的条件

测量时要考虑测量条件不受干扰，首先要排除本底噪声的影响，在现场测量时应先测本底噪声，后测总声级，最后按分贝减法的计算原则，计算出声源的噪声。其次要注意现场反射声的影响，要把传声器放在尽量远离反射物的地方。最后，还要考虑诸如风或气流的影响以及温度、湿度、电磁场等对测量结果准确性的影响。

2. 测量的量

对稳态噪声测量 A 声级；对不稳态噪声要测量 A 声级和暴露时间，计算等效连续声级。如果为了控制噪声还要进行倍频程频谱分析。

3. 测点选择

测量车间噪声时，应将声级计传声器放在操作人员的耳朵所在位置，操作人员离开；或者放置在生产作业面附近，选择数个测点。测量机械噪声时，测点均布在机械四周，一般不少于 4 个点，距机械表面的距离视机械的尺寸大小而定。测量风机、空压机进排气口的噪声时，进气噪声测点应取在进口管轴线上，距管口等于或大于管径的位置；排气噪声测点应取在与排气口轴线成 45°的方向上或管口平面上。参看图 8-3 所示。

二、实验目的

（1）通过实验，直观感受噪声级大小及频率与听觉的关系，加深对噪声危害的认识。

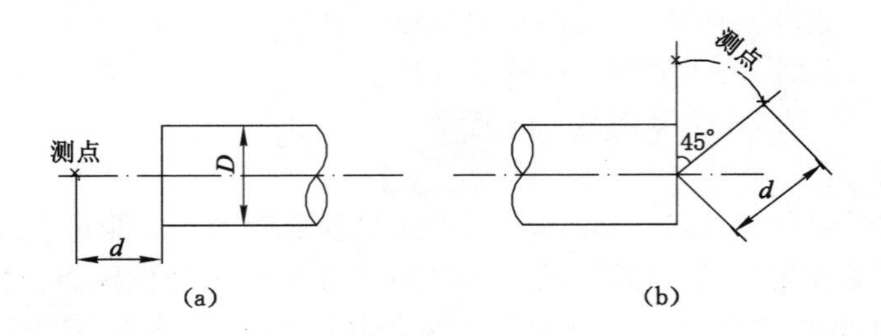

图 8-3　进排气口测点位置

(a) 进气口测点位置($d \geqslant D$);(b) 排气口测点位置($d=0.5 \sim 1.0$ cm)

(2) 了解各种声级计的构造及其工作原理,掌握声级计的使用方法和声级的和、差计算;学会用不同计权声级的数值差别来判断声源的频率特征。

(3) 会使用频谱分析仪进行各类声源的噪声频谱分析。

三、实验仪器

ND10、TES-1352A 等型号的声级计,TES-1358、ND2 型频谱分析仪,听觉实验仪、噪声源、皮尺等。

声级计是噪声测量中最常用的仪器,它主要由电容传声器、阻抗变换器、计权网络、衰减器、放大器和指示表头等组成,另有一些附件。

(一) ND10 型声级计

其外形结构与面板如图 8-4 所示。

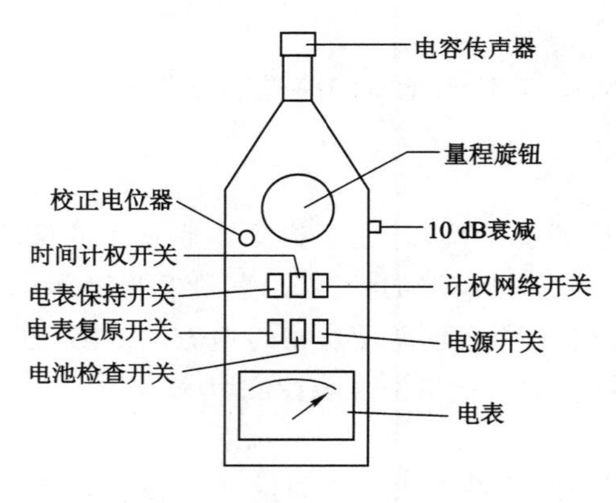

图 8-4　ND10 型声级计

1. 电容传声器

电容传声器用来将被测声信号变成电信号,它是一个无指向性的拾音器,频率响应平直、稳定性好。电容传声器主要由紧靠着的感音金属膜片和后极板组成,构成一个以空气为介质的电容器的两个极,极板上加上极化电压。当声波作用到膜片上时,膜片发生振动,引起电容量发生变化,从而产生一交变电压,传给后面的电路。电容传声器比较娇贵,它决定整个声级计的精度和性能,装卸时要小心操作,防震防潮,妥善保存。

ND10 型声级计使用的是 CH33 型低极化电压电容传声器,外径 13.2 mm,极化电压 28 V,灵敏度不低于 5 mV/Pa,频率范围为 31.5 Hz～12.5 kHz,不均匀度不大于±3 dB。

2. 阻抗变换器

阻抗变换器用于高内阻的电容传声器与后级电路间的阻抗匹配，以减少对电容传声器灵敏度的影响。

3. 计权网络

ND10 型声级计有“A”及“C”两种计权网络，可分别测量 A 声级和 C 声级，其计权特性符合国际电工委员会(IEC)651 号标准。

4. 放大器和衰减器

为了测量微弱信号，需要将信号加以放大；而当输入信号较强时，则需对信号加以衰减。设置放大器和衰减器的目的是为了提高信噪比，并使得所测信号在表头上获得适当的偏转，以便于读数。衰减器以 10 dB 分挡，通过调节衰减量，可使读数保持在表头主刻度范围内。声级计右侧面有个＋10 dB 微动开关按钮，按下时还可增加 10 dB 衰减量。

5. 指示表头

指示表头为直接以 dB 作为刻度的直流电表。

(二) TES-1352A 型可程式噪声计

其外形结构与面板如图 8-5 所示。

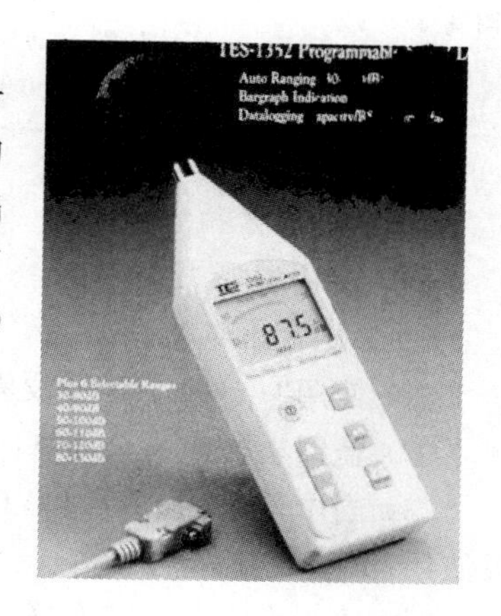

图 8-5　TES-1352A 型可程式噪声计

1. 规格

其规格如表 8-1 所列。

表 8-1　**TES-1352A 型可程式噪声计的规格**

国际规范	IEC Pub 651 Type 2, ANSI S1.4 Type 2
频率范围	31.5 Hz～8 kHz
A 加权	30～130 dB
C 加权	30～130 dB
挡位	6 挡位，间隔 10 dB 30～80 dB/40～90 dB/50～100 dB/60～110 dB/70～120 dB/80～130 dB
自动换挡	30～130 dB
时间加权	快挡和慢挡
动态范围	50 dB
数字显示	4 位数 LCD(0.1 dB 分辨率)
准模拟条形显示器	最小显示 1 dB，显示范围 50 dB，50 ms 刷新一次
过载指示	每个范围之上限
最低指示	每个范围之下限
麦克风	1/2 英寸电容式麦克风
模拟 AC/DC 输出	0.707 V 有效电压(满量程)，10 mV DC/dB
数据记录	可记录 16 000 笔资料

续表 8-1

操作及储存温湿度	0～50 ℃,10%～90%RH
电源	1 节 9 V 电池
尺寸及质量	265 mm(*L*)×72 mm(*W*)×21 mm(*H*),325 g
附件	使用说明书,电池,RS-232 连接线 携带盒,调整起子,软件,风罩 9 针对 25 针转换头 3.5 f 接头充电器

2. 各部名称和功能

参见使用说明书。

3. 操作前准备事项

(1) 使用“+”起子打开仪表背面的电池盖,装上 4 节 1.5 V 电池于电池座上。

(2) 盖回电池盖并使用“+”起子锁紧螺丝。

(3) 当电池电力老化时,LCD 面板会出现“缺电”闪烁符号,表示此时电池电力即将不敷使用,必须更换电池。

(4) 使用 DC 电源转换器时,请将 DC 电源转换器的输出插头插入仪表侧面的 DC 6 V 插孔。

四、测量方法和实验要求

(一) 声级计的操作使用方法

以 ND10 型声级计为例。

(1) 使用前准备

首先使所有按键均处于弹起位置。将电容传声器正确安装在声级计头部,再打开背面电池盖板,按极性要求(弹簧为负极)装入一节一号(R20)电池,合上电池盖板。

使衰减旋钮保持在较大数值,按下“通”按键,电源接通。再按下“电池”按键,指针应落在电池检查红线区域内,否则需更换电池。放开电池按键,准备完毕。

(2) 声级计校正

为保证测量的准确性,仪器应定期进行校正。校正分为声学校正和电气校正。

声学校正:声学校正可用 NX6 型活塞发声器进行。按下计权网络开关(A/C. ▼),量程旋钮置 120 dB,此时指针应指在−∞处(环境噪声不大时)。通过 1/2 英寸配合器将活塞发生器套在声级计上,推开活塞发生器开关置“通”位置,活塞发生器发出 124 dB 标准声信号,声级计表头指针应指在红色“▲”处,否则用螺丝刀调节“▼”电位器使指针指向该处。关闭并取下活塞发生器,校正完毕。

电气校正:如已进行了声学校正,则不必进行电气校正。但为避免因连续使用时间过长使电池电压下降影响放大器增益而造成测量误差,可每隔 1～2 h 进行一次电气校正。校正时,按下计权网络开关(A/C. ▼),量程旋钮置“▼”位置,用螺丝刀调节“▼”电位器使指针指向“▼”位置+*K* 处,*K* 为电容传声器灵敏度级修正值,如 *K*=+1 dB,则指针应指在 5 dB处,余类推。

（3）按键功能和声级测量

保持键/复原键：测量时若按下保持键，可测得某一时间段内的最大声级，并在电表上保持读数 1 min 以上。这对测量快速运动物体的噪声非常有用。按一下复原键，指针回零，可进行下一次保持测量。保持测量时，时间计权一般用“快”挡。

时间计权（快/慢）键：按下时为“慢”，抬起时为“快”。在于对电表指针运动的阻尼不同。可根据所测声源的稳定性进行选择，如用“快”挡测量时，指针摆动大于 4 dB，就应改用“慢”挡。对于较稳定的噪声，“快”、“慢”挡所测结果相同。

计权网络开关（A/C.▼）键：按下时测量 C 声级，抬起时测量 A 声级。因我国噪声标准均使用 A 声级，故大多数情况下使用 A 声级测量，C 声级为辅助测量用。通过测量同一声源的 A、C 声级并比较其差值，可大致判断该声源的频率特性。

电池键：检查电池电压用。

通键：电源开关键，按下为开。

声级测量：有条件时应将声级计固定在三脚架上，传声器指向被测声源，人体尽量远离声级计以减小对测量的影响。量程旋钮应选择在适当刻度上，使测量时指针偏转在 0～+10 dB 主刻度范围内，则所测噪声声级为旋钮刻度值与表头指示值之和。若按下侧面的微动开关，则所测噪声声级为旋钮刻度值与表头指示值之和再加 10 dB。

（4）背景噪声修正

噪声测量中，除了被测声源产生的噪声外，还会有其他噪声（背景噪声，或称本底噪声）存在。背景噪声会影响测量的准确性，需要加以修正。可按背景噪声修正曲线进行修正或按表 8-2 进行修正。

表 8-2　　**背景噪声修正**

总的噪声级与背景噪声级之差/dB	3	4～5	6～9	≥10
从总的噪声级读数中减去的 dB 数	3	2	1	0

由表 8-2 可知，若两者之差大于 10 dB，则背景噪声的影响可以忽略。但如果两者之差小于 3 dB，则表明所测声源的声级小于背景噪声声级，难以测准，应设法降低背景噪声后再测。

（5）风罩的使用

当声级计用于野外测量或用于排气风扇、排气管道附近测量时，这时风或排气气流会使传感器产生风噪声，从而影响测量的准确性，应在传感器头部装上风罩再进行测量。

（二）频谱分析仪的操作使用方法

频谱分析仪是在声级计的基础上增加一带通滤波器而构成。它代替声级计中的计权网络插入仪器的电路中，可把需要测量的声音划分为若干个频带分别进行测量，以反映声源的频率特性。频带划分有倍频程和 1/3 倍频程两种，一般情况下倍频程使用较多。频谱分析仪是绘制声源频谱图的主要技术手段。

频谱分析仪的面板布局和使用方法与声级计有许多相似之处，可触类旁通，使用前阅读说明书即可。现以 TES-1352A 型可程式噪声计为例介绍。

（1）操作步骤

① 按下电源开关。

② 按下“Level▲”或“▼”选择合适的挡位测量现在的噪声，以不出现“UNDER”或“OVER”符号为主。

③ 要测量以人为感受的噪声量请选用“dB(A)”。

④ 要读取即时的噪声量请选择“FAST”，如要获得当时的平均噪声量请选择“SLOW”。

⑤ 如要取得噪声量的最大值可按“MAX”功能键，即可读到最大噪声量的数值。

(2) 储存记录和删除记录

① 启动记录：持续按住“RECORD”键 3 s，则是将现在读值依据设定的间隔时间依次记录于内部的记忆体，直到记忆体用尽或再按此键一次则停止记录。

② 当记录组数超过 255 组或资料笔数共超过 16 000 笔时，LCD 面板右下角会出现“FULL”符号，则表示记忆体已满。

③ 在关机状态下按住“RESET”键不放并且开启电源 3 s 后 LCD 面板上会出现“DEL”，则是将内部记录资料全部删除。

(3) 注意事项

① 请勿置于高温、潮湿的地方使用。

② 长时间不使用请取出电池，避免电解液漏出损伤仪表。

③ 瞬间的冲击性噪声请勿选用 30～130 dB 挡位测量。

④ 在室外测量噪声的场合，可在麦克风头装上防风罩，避免麦克风直接被风吹到而测量到无关系的杂音。

(三) 掌握不同声源的 A 声级测定方法

对不同的声源采用不同的测量方法，是准确测量噪声的关键。通过实验，要掌握各类声源的正确测量方法。

(四) 掌握声级测量中的各种计算方法

通过实验，加深对噪声测量中的常用概念和单位的理解以及它们之间的数量关系，尤其是声压和声压级的关系。掌握分贝加减法的适用条件及其数学关系，学会用图表法进行分贝加减的快速运算。

五、实验内容

(1) 通过调节听觉实验装置的声级和频率大小，感受单一频率噪声的听觉印象。

(2) 测量 1～2 个声源的 A 声级，并减去本底噪声的影响。

(3) 测量并验证两个或两个以上声源的声压级和总声压级的关系。

(4) 通过测量某声源的 A、C 计权声级，大致判断该声源的频率特征。

(5) 通过对某一声源的频谱分析，绘出该声源的频谱图。

六、实验报告要求

根据实验实测记录，按实验内容分步编写实验报告。

(1) 绘制测量示意图，标明测量仪器与声源的位置关系及本底噪声修正的过程。

(2) 验证两个或两个以上声源的声压级和总声压级之间的关系是否符合理论计算，如有误差，分析其原因。

(3) 实验内容(4)和(5)项可用同一声源进行实测比较，并绘出频谱图。

实验九　颜色实验和照明工程测量

颜色是照明条件下物体的一个固有属性。颜色视觉是人类视觉功能的重要组成部分。充分利用颜色的各种特性创造一个良好的视觉环境，不仅是一门技术，也是一门艺术。在生产环境中，合理的色彩搭配有助于提高人们对信号、标志的识别速度。特别是在现代生产条件下，对于比较复杂的机器设备，在很多情况下必须依靠颜色来协助操作者进行正确地观察和操纵，以减少差错和提高工作效率。同时，不同的颜色还对人的精神状态和心理感受产生不同的影响，这也已逐渐为人们所认识。

照明对人类的生产和生活有着极为重要的影响。人们通过视觉从外界获得约75%～80%的信息，而照明条件与获得信息的效率和质量有密切关系。在生产、工作和学习场所，良好的照明能振奋人的精神，使人保持乐观向上的情绪和高度的生理活力，减少出错率和事故，从而提高工作效率和质量，有利于人身安全和视力保护；反之，则对人的情绪产生不良影响，加速视觉疲劳，影响工作成绩并可能导致生产事故。因此，设计良好的照明，在劳动卫生和经济效益上都有着重要意义。

一、实验背景知识

（一）颜色视觉

颜色是人的视觉器官对不同波长的光的感受。人们能够看到物体具有各种不同的颜色，是由于它们所辐射和反射的光，其光谱特性不同的缘故。一张红纸我们之所以看成是红的，是因为它只反射出640～780 nm波长的光，而将其余波长的光吸收掉，所以就引起红色感觉。我们之所以把日光看成是无色的，是因为日光中含有各种不同的辐射对眼睛刺激的综合结果。对日光进行分解后的光谱颜色及对应中心波长和范围见表9-1。

表9-1　太阳的光谱颜色、波长及范围

光谱颜色	中心波长/nm	波长范围/nm
红	700	672～780
橙	610	589～672
黄	580	566～589
绿	510	495～566
蓝	470	420～495
紫	420	380～420

由于各种颜色之间没有截然界限，所以对波长范围的划分有较大的出入。

1. 颜色的基本特征和表示方法

人眼对光的感觉可分为非彩色和彩色两大类。颜色是非彩色和彩色的总称。非彩色是指黑色、白色以及各种深浅不同的灰色所组成的黑白系列。彩色是指黑白系列以外的各种颜色。

所有颜色都可用色调、明度和彩度三个基本特征来表示，称为颜色三要素。

色调是颜色彼此相互区分的主要特征。它取决于光的波长，即一定波长的光在视觉上的表现。太阳光谱上的色调，再加上紫红系列（这是太阳光谱中所没有的色调），可以包括自然界的所有色调。人的眼睛大约能分辨出 160 种色调。

明度是指颜色的亮度特性。明度感觉由颜色反射的光量引起。明度越大的颜色反射的光线越多。纯白色明度最大，可反射 100%的光线，而纯黑色则完全不反射光线。色调相同的颜色可由明度的差异而互相区别。

彩度也叫饱和度，是指颜色的纯洁程度，即波长范围越窄颜色越纯。光的颜色完全饱和是很少见的，只有纯光谱的颜色才接近饱和，彩度最大。

颜色具有的这些特征，大大提高了人们识别物体的能力，有助于改善视觉条件。

由颜色三要素组合而成的自然界的颜色种类是不计其数的。这么多种颜色，要精确地表述其中一种，单用语言显然是不可能的。为了方便地表述各种颜色，目前国际上广泛采用孟塞尔（A. H. Munsell）所创立的颜色系统。它是以色调（H）、明度（V）和彩度（C）三个要素配以数字标号，并根据颜色的视觉特点所制定的颜色分类和标定系统。

孟塞尔颜色系统是一个立体模型，如图 9-1 所示。在颜色立体中，中央轴代表黑白系列中性色的明度等级，顶端是理想白色，明度值定为 10，底端是理想黑色，明度值定为 0。这样孟塞尔明度值共分成由 0～10 共 11 个在感觉上等距离的等级。由于理想的黑色和白色不存在，故实际应用中只用明度值 1～9。

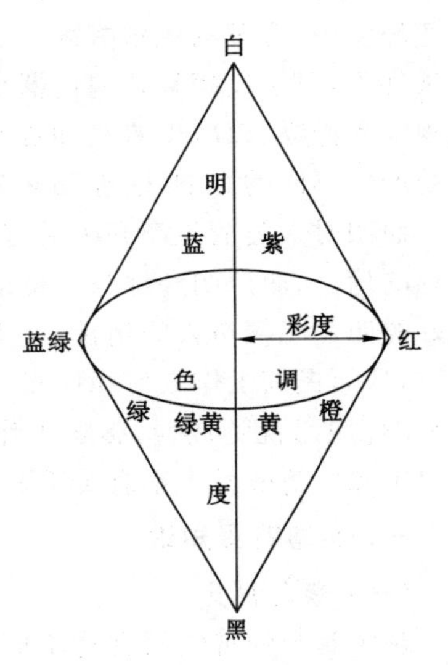

图 9-1　颜色立体示意图

色调的变化由水平的圆周表示。孟塞尔色调分类包括 5 种主要色调：红（R）、黄（Y）、绿（G）、蓝（B）、紫（P）和 5 种中间色调：黄红（YR）、绿黄（GY）、蓝绿（BG）、紫蓝（PB）、红紫（RP）。为了对色调做更细的划分，每一种色调又分成 10 个等级，即从 1 到 10，并将数字写在字母前面，且每种主要色调和中间色调的等级都定为 5，从而构成红、黄红、黄、绿黄、绿、蓝绿、蓝、紫蓝、紫、红紫 10 色 100 级的色调环。

圆周的最外围各种色调的颜色其彩度都是最高的，从圆周向圆心过渡表示颜色彩度逐渐降低，即离中央轴越近的颜色，其彩度越低。中央轴上的中性色的彩度均为 0，有些色调的彩度可达 20 以上，如黄绿色。

有了孟塞尔颜色系统，任何颜色都可以用颜色立体上的色调、明度和彩度这三个坐标进行标定，标定方法是先写色调 H，然后是明度 V，再在斜线后写彩度 C，即：

$$HV/C = \text{色调 明度/彩度}$$

如一个 10Y8/12 标号的颜色，它的色调是黄（Y）与绿黄（GY）的中间色，明度值是 8，彩度是 12。由此可知，该颜色是比较明亮、具有高饱和度的颜色。

对非彩色的黑白系列中性色用 N 表示，在 N 后面给出明度值 V，再加上一条斜线，即：

NV/＝中性色 明度/

如明度值等于5的中性灰色可写作N5/。

2. 颜色视觉特性

(1) 颜色对比

非彩色只有明度上的差别，而没有色调和彩度这两个特征。而颜色对比包括明度对比、色调对比和彩度对比。任何两种颜色，只要有其中一项特征相异，视觉就能将其区别开来，因此，工作环境中具有颜色对比时，其视觉条件比只有亮度对比要好得多。颜色对比遵守明视度顺序，利用这个规律可以突出各种颜色的作用效果。如在黑色背景上白色最显眼，其次是黄色、黄橙、黄绿等；在白色背景上黑色最显眼，其次是红、紫等颜色。常用颜色的明视度顺序如表9-2所列。

表9-2　颜色的明视度顺序

背景色(底色)	被检颜色(图色)
黑	白→黄→黄橙→黄绿→橙
白	黑→红→紫→红紫→蓝
红	白→黄→蓝→蓝绿→黄绿
蓝	黄→白→黄橙→橙
黄	黑→红→蓝→蓝紫→绿
绿	白→黄→红→黑→黄橙
紫	白→黄→黄绿→橙→黄橙
灰	黄→黄绿→橙→紫→蓝紫

颜色的明视度顺序在标志牌、指示灯以及各种显示面板的设计中得到了广泛应用。

(2) 颜色适应

人的眼睛长时间受某种颜色辐射刺激后，对色调微小变化的分辨能力将下降，而且当眼睛对某一颜色光适应以后再去观察另一颜色时，后者将发生变化，使其带上前者的补色成分。如眼睛注视一块大面积的红色一段时间后，再去看黄色，这时黄色就会带上青绿色。经过几分钟后，眼睛又会从红色的适应中恢复过来，青绿色逐渐消失。同样，对青绿色进行预先适应后会使黄色变红。除了色调的改变外，一般对某一颜色光预先适应后再去观察其他颜色时，则其他颜色的明度和彩度也将会降低。人眼在颜色刺激的作用下所造成的颜色视觉变化叫作颜色适应。颜色适应对视觉是不利的，容易造成判断和操作失误。因此，工作场所的视野中，不应当只有一种色调。

(3) 色觉常恒性

我们所看到的各种物体的颜色，尽管照明的光经常发生变化，但对物体的色觉却并不发生变化。这种现象称为色觉常恒。正是由于存在着色觉常恒现象，人们才具有对各种物体颜色的记忆，并把这种色知觉看作是物体的属性。当然，如用显色性很不良的光照明时，物体的颜色也将会发生变化。

3. 三原色学说和颜色的光学混合定律

眼睛受单一波长的光的刺激产生一种颜色感觉，而接受一束包含各种波长的复色光的刺激也只产生一种颜色感觉。这说明视觉器官对光刺激具有特殊的综合能力。实验证明，光谱上的全部颜色可以用红、绿、蓝三种纯光谱波长的光按不同比例相混合而正确地模拟，基于这种事实而提出的观点称为三原色学说。该学说认为锥体细胞含红、绿、蓝三种反应色素，它们分别对不同波长的光发生反应。视觉神经中枢综合三种刺激的相对强度而产生一种颜色感觉。三种刺激的相对强度不同时，产生不同的颜色感觉。

视觉器官的综合性能表现在下面的三个颜色光学混合律中：

(1) 补色律

对任何一种颜色来说，均能与另外一种颜色相混合而得到非彩色(中性色)。这两种颜色叫作互补色。例如，红色和青绿色、橙色和青色、黄色和蓝色、绿黄色和紫色等都是互补色。任何一对互补色只有当它们的强度具有一定的比例时，才能混合成非彩色。

(2) 中间色律

如果在眼睛里混合的颜色不是互补色，则将得到另一种颜色感觉，这种颜色的色调介于两种混合颜色的色调之间。例如，红色和黄色相混合得到橙色，蓝色和绿色相混合得到青色等。

(3) 代替色律

感觉上相同的颜色其光谱成分不一定相同。每一种颜色都可由不同组合的其他颜色混合而得。相似色混合后仍相似。如果颜色 A＝颜色 B(等号表示在感觉上相似)，颜色C＝颜色 D，那么颜色 A＋颜色 C＝颜色 B＋颜色 D。代替色律表明只要颜色在感觉上相似，便可以互相代替，会得到同样的视觉效果，而不论它们的光谱成分如何。

三原色的光相混合遵循以下规律(比例相同)：

红＋绿＋蓝＝白

红＋绿＝黄

红＋蓝＝紫

绿＋蓝＝青

颜色光学混合是不同颜色的光线引起眼睛的同时兴奋。它和颜料或染料溶液的混合在性质上完全不同。颜料混合是利用混合后的颜料微粒对不同波长的光线分别加以吸收和反射而引起。前者是相加混合，而后者为相减混合。

(二) 常用照明度量单位及其应用

常用的光度量单位主要有光通量、光强、照度和亮度。

1. 光通量

光源发出的辐射通量中能产生光感觉的那部分辐射能流称为光通量。或者说，光通量是按照人眼视觉特征来评价的辐射通量。根据这一定义，光通量与辐射通量之间有如下关系：

$$F = K_m \int \Phi_\lambda V(\lambda) \mathrm{d}\lambda \tag{9-1}$$

式中 F——光通量，lm；

Φ_λ——波长为 λ 的单色辐射通量，W；

$V(\lambda)$——国际标准明视觉光谱光效率函数；

K_m——最大光谱光效率，lm/W。

根据国际有关组织的测定结果，最大光谱光效率在 $\lambda=555$ nm 处，其值 $K_m=683$ lm/W。

在照明工程中，光通量是标志光源发光能力的基本物理量。例如，普通的白炽灯泡，每瓦电能约发出 8～20 lm 的光通量。各种灯具的发光效率通常都是用 lm/W 表示的。

2. 光强

光强也称发光强度。它表示光源在一定方向上光通量的空间密度。单位为坎德拉(candela)，符号 cd。光强是国际单位制(SI)的基本单位。其定义为：一个光源发出频率为 540×10^{12} Hz($\lambda=555$ nm)的单色辐射，若在一定方向上的辐射强度为 1/683 W/sr，则光源在该方向上的发光强度为 1 cd。

对于点光源，在任一给定方向的发光强度 I 是该光源在这一方向上立体角元 $\mathrm{d}\omega$ 内发射的光通量 $\mathrm{d}F$ 与该立体角元之比，即：

$$I=\frac{\mathrm{d}F}{\mathrm{d}\omega}\quad(\mathrm{cd})\tag{9-2}$$

如果光源在有限立体角 ω 内发出的光通量 F 是均匀分布的，则在该方向上的光强为：

$$I=\frac{F}{\omega}\quad(\mathrm{cd})\tag{9-3}$$

立体角 ω 的单位是球面度(sr)。定义一个球面度的立体角等于在半径为 R 的球表面上面积等于 R^2 的球面所对的球心角，即 $\omega=S/R^2$。因为球的总表面积 S 为 $4\pi R^2$，所以立体角的最大值为 4π sr。

如果一个点光源向周围空间均匀发光，则其光强为：

$$I=\frac{F}{4\pi}\quad(\mathrm{cd})\tag{9-4}$$

这里 F 为光源发出的总光通量。光源在所有方向上发光强度相等。

光强和光通量都是表示光源特性的重要物理量。光通量表示光源的发光能力，而光强则表示其分布情况。如一只 40 W 白炽灯，不用灯罩时，其正下方的发光强度约为 30 cd。若装上一白色反光灯罩时，则灯下方的发光强度能提高到 70～80 cd。事实上灯泡发出的光通量并没有改变，只是在空间的分布改变了。

3. 照度

照度是受照表面上光通量的面密度。设被照表面上某面积元 $\mathrm{d}S$ 上接受的光通量为 $\mathrm{d}F$，则该点的照度 E 为：

$$E=\frac{\mathrm{d}F}{\mathrm{d}S}\quad(\mathrm{lx})\tag{9-5}$$

若光通量 F 均匀分布在被照表面 S 上时，则此被照面的照度 E 为：

$$E=\frac{F}{S}\quad(\mathrm{lx})\tag{9-6}$$

在国际单位制中，照度的基本单位是勒克斯，符号为 lx，它等于 1 lm 的光通量均匀地分布在 1 m^2 的被照面上。所以 1 lx＝1 $\mathrm{lm/m^2}$。

下面是几个常见的照度值。一只 100 W 的白炽灯正下方 1 m 远的平面上，照度约为 1 000 lx。夏天中午，阳光投射到地面上的照度可达 10^5 lx，月光下的照度只有几个勒克斯。

点光源在被照面上形成的照度，与该方向上光源的发光强度成正比，与光源到被照表面的距离平方成反比。即：

$$E = \frac{I}{R^2} \quad (\text{lx}) \tag{9-7}$$

式中 E——被照面上的照度，lx；

I——光源在被照面方向的光强，cd；

R——光源至被照面的距离，m。

该式可由光强和照度的定义直接导出，称为距离平方反比定律。

若被照面的法线与光源入射线的夹角不为零，而成 α 角时，容易得到：

$$E = \frac{I\cos\alpha}{R^2} \quad (\text{lx}) \tag{9-8}$$

该式更具有一般性，在照明工程计算中经常用到。距离平方反比定律适用于点光源。一般当光源尺寸 d 小于它至被照面距离的 1/5 时，均可视为点光源。

照度具有直接相加性。若 n 个光源对于某点的照度分别为 $E_i(i=1,2,3,\cdots,n)$lx，则该点处的总照度为：

$$E = \sum E_i \quad (\text{lx}) \tag{9-9}$$

照度这一光学量在照明工程设计中是很重要的，照明工程的主要任务就是要在工作场所内创造足够的照度。

二、实验目的

（1）通过实验，加深理解光与颜色的本质。

（2）验证颜色的光学混合定律，理解三原色原理在工程中被广泛应用的实质。

（3）熟悉孟塞尔颜色模型，学会用工程语言表述颜色。

（4）了解照度计的构造及其工作原理，掌握其在工程测量中的使用方法。

三、实验仪器

三色视频投影仪、指针式照度计、数显式照度计、皮尺、光源等。以下着重介绍 TES-1339 型专业级照度计。

（一）外观

实物照片如图 9-2 所示。

图 9-2　TES-1339 型专业级照度计

（二）功能简介

（1）0.01 lx 分辨率/999,9 位数读值。

（2）平均值测量/照度积分测量。

（3）光强度测量。

（4）可扣除杂散光的光源照度测量。

（5）时间设定自动锁定测量。

（6）独特的资料记录及读值功能(50 组)。

（三）功能特性

（1）4 位数双显示 LCD。

（2）明视函数光谱反应≤6%。

（3）测量范围自 0.01～999 900 lx、0.001～99 990 fc(1 fc=10.76 lx，全书同)，计 5 挡

自动换挡，准确且反应迅速。

(4) 积分式照度测量。

(5) 发光强度测量。

(6) 读值锁定功能。

(7) 资料记忆及读取功能。

(8) 参数值可设定偏差值或百分比测量。

(9) 背景涟波光线及发光照度(STRAY + LIGHT)测量。

(10) 时间锁定功能。

(11) 点平均功能。

(12) 比较器功能。

(13) 自动关机功能。

(14) 符合 CNS 5119 Class Ⅱ 标准。

(四) 规格

TES-1339 型专业级照度计的规格参见表 9-3。

表 9-3　TES-1339 型专业级照度计的规格

显示器	4 位数双显示 LCD
测量范围	99.99 lx,999.9 lx,9 999 lx,99 990 lx,999 900 lx 9.999 fc,99.99 fc,999.9 fc,9 999 fc,99 990 fc (自动换挡计 5 挡)
过载显示	OL 符号显示
分辨率	0.01 lx, 0.001 fc
准确度	±3%读值±5 位 (2 856°K 标准白炽灯校正)
明视光谱函数	≤6%
温度特性	±0.1%/℃
测量速度	每秒约 5 次
光感应器	硅质光二极管
资料记忆容量	50 组(可直接于 LCD 上读取)
操作/储存环境	0～50 ℃,<80%RH / −10～60 ℃,<70%RH
电源	6 节 7 号电池
电池寿命	约 100 h
光感应器线长	约 150 cm
光感应器尺寸	100 mm(长)×60 mm(宽)×27 mm(高)
尺寸	150 mm(长)×72 mm(宽)×33 mm(高)
质量	约 250 g
附件	皮套、说明书、电池

(五) 仪表各部分名称及功能

参见使用说明书。

（六）操作说明

（1）归零调整

该仪表在每次关机时会自动执行归零调整，因此调整动作需要将光检测器盖子盖上，故关机前请务必确认盖子盖上。

（2）照度测量

步骤如下：

● 按“电源”键开机。

● 按“lx/fc”键选择测量单位。

● 拨开光检测器保护盖并将光检测器放在面对光源的水平位置。

● 从显示器读取照度值。

● 如需要将显示器值锁定，按“H”键，再按一次“H”键则离开锁定模式。

（3）杂光去除测量

在白天使用杂光去除测量功能，可以测出光源于晚上发射出的实际照度值，而不需要在晚上加班才能测出。此功能可自动扣除白天太阳光射入室内所产生的照度值，并不需要拉上窗帘。步骤如下：

● 按“电源”键开机。

● 按“lx/fc”键选择测量单位。

● 将欲测光源开启。

● 拨开光检测器保护盖并将光检测器放在面对光源的水平位置。

● 按“SET”键，“SEt01”符号显示。

● 按“↵”键，“STRAY＋LIGHT”符号显示，显示器的照度值是杂散光源（STRAY）加上欲测光源（LIGHT）的总照度值。

● 按“↵”键存入总照度值（STRAY＋LIGHT）且“STRAY”符号显示。

● 将欲测光源关闭。

● 按“↵”键存入杂散光（STRAY）的照度值，并计算出欲测光源实际在夜晚发出的实际照度值，“LIGHT”及“D－H”符号显示。

● 按“↵”键离开此模式。

（4）时间自动锁定测量

为避免测量者的身影影响到照度值的测量，故先设定好时间，测量者离开光源区域，等设定时间到时，仪表会自动将照度值锁定。步骤如下：

● 按“电源”键开机。

● 按“lx/fc”键选择测量单位。

● 拨开光检测器保护盖并将光检测器放在面对光源的水平位置。

● 按“SET”键，“SEt01”符号显示。

● 按“▼”键改变设定模式至“SEt02”。

● 按“↵”键进入计时码表的秒设定。

● 按“▲”或“▼”键设定至所需的秒数。

● 按"↵"键进入计时码表的分设定。

● 按"▲"或"▼"键设定至所需的分钟数。

● 按"↵"键码表开始倒数计时，此时人员必须离开光源区域，避免身影遮挡住光源而影响照度值的测量。

● 当码表计数至 0 s，该仪表会自动将最后测量值锁定，显示"TIME－HOLD"符号。

● 按"↵"键离开此模式。

（七）维护事项

(1) 请勿在高温、高湿场所下测量。

(2) 使用时，光检测器需保持干净。

(3) 光源测试参考准位在受光球面正顶端。

(4) 测量完毕，请将光检测器保护盖盖上，以降低光检测器的老化。

(5) 光检测器的灵敏度会因使用条件或时间而降低，建议使用者将电表做定期校正，以维持基本精确度。

四、实验内容

(1) 用三色视频投影仪验证颜色的光学混合定律。

颜色是人眼对不同波长的光波的综合评价。单一波长的光（可见光）的刺激产生一种颜色感觉，而包含各种波长的复色光的刺激也只产生一种颜色感觉，这是视觉器官的一种特殊综合能力。实践已经证明：光谱上的绝大部分颜色都可以用红、绿、蓝三种纯光谱波长的光按比例混合而表现出来。基于这种事实而提出的观点称为三原色学说。彩色电视机和三色视频投影仪是三原色学说在工程中的典型应用。当三种光的比例（强度）相同时，颜色感觉遵循以下规律：

红＋绿＋蓝＝白

红 ＋ 绿 ＝ 黄

红 ＋ 蓝 ＝ 紫

绿 ＋ 蓝 ＝ 青

利用三色视频投影仪，可以方便地验证以上规律。分别控制各颜色的发射强度，可以得到各种各样的颜色。

(2) 用照度计测量某光源的照度值，验证距离平方反比定律和余弦定律，根据测量结果，计算光源的光强及其分布情况。

照度是受照表面上光通量的面密度，是世界各国规定照明标准的度量指标。衡量工作场所的照明是否符合国家标准和满足作业需要，要用照度计进行测量；检测一个光源的发光强度和光强分布，也需要用照度计进行测量。照度计是照明工程中使用最广泛的一种测量仪器，一个合格的安全技术人员，必须学会正确操作和使用照度计。

受照表面上的照度 E 与光源在被照面方向的光强 I、光源至被照面的距离 R 以及被照面的法线与光源入射线的夹角 α 有如下关系：

$$E = \frac{I\cos\alpha}{R^2} \quad (\mathrm{lx})$$

实验中可通过调节不同的光源发光强度（I）、距离（R）和角度（α），分别测量照度值，以验证各量之间的关系是否符合以上公式。同时推算出光源(如 100 W 白炽灯)的发光强度和光强分布。

(3) 验证照度的可加性,分析测量误差产生的原因。

照度具有直接相加性。若 n 个光源对于某点的照度分别为 $E_i(i=1,2,3,\cdots,n)$lx,则该点处的总照度为:

$$E = \sum E_i \quad (\text{lx})$$

通过开、关不同光源分别测量其照度值,验证照度的可加性。如有误差,分析其误差产生的原因。

(4) 测量某一教室的照度分布,评价其是否符合照明要求(可选)。

工作场所的照明,除了工作面上的照度要符合照明标准的要求外,还有照度均匀性的要求。测量一个教室的照度及其分布情况(拉上窗帘或在晚上测量),评价其照度及其照度分布是否符合照明要求? 即:最低照度值不小于 75～100 lx。假想工作面上的最大、最小照度值与平均值相差应不大于 1/6 倍平均值。

五、实验报告要求

正确掌握照度计的使用和读数方法,根据实验内容(2)、(3)、(4)项的要求提交实验报告。

实验十　救护装备及工业卫生综合实验

一、实验概述

在工业生产中，由于受生产工艺、劳动条件中潜在的危险源以及人的不安全行为等种种主客观因素的制约，意外事故尤其是人身事故的发生一直难以避免。据国际劳工组织统计，每年全世界有130多万人死于意外事故或者职业疾病，造成的损失约占GDP的4%。我国每年发生死亡10人以上的工矿企业事故100多起，死亡总人数达1.5万人。重大、特大事故的频繁发生，阻碍了社会生活、生产的有序进行和经济的可持续发展，特别是当发生重大火灾、爆炸、坍塌、矿井水灾等灾变时，将会在事故现场留下大量的伤员。及时有效地处理好这些事故及事故中的伤员，是安全卫生工作者的一项极其重要的工作。

发生人身事故以后，现场救护人员必须能够正确地判断出伤员的伤害类型以及伤势的轻重，以便有计划、有针对性地采取急救措施。常见的现场人身事故，根据伤害程度的不同，可分为呼吸衰竭、心力衰竭、休克和昏迷等。

(1) 呼吸衰竭。呼吸是维持生命的必要条件。正常人的呼吸调节，是由呼吸中枢和大脑皮质控制的，这种受神经系统支配而进行的正常呼吸在医学上称为自主呼吸。当人体受到某种程度的伤害后，自主呼吸将受到抑制，出现呼吸频率、深度和节律的改变以及呼吸运动微弱甚至暂时停止的情况，统称为呼吸衰竭。

(2) 心力衰竭。心力衰竭是指伤员由于大量出血、大面积创伤、触电或溺水等而出现的一系列血液循环障碍，具体表现为心脏收缩无力、每搏输出量减少、心跳频率改变且不规则以及进而引起的全身各组织供血不足等症状。按临床特征可分为左心衰竭和右心衰竭两种。左心衰竭，伤员表现为有阵发性呼吸困难，咳嗽吐泡沫或咯血；右心衰竭，伤员身上发紫、浮肿、右肋下疼痛，并可出现腹水等症状。实际情况下，通常表现为左右心衰竭相继出现。心力衰竭是造成重伤员死亡的主要原因。

(3) 休克。休克是组织在缺氧状态下发生的一系列症候群，一般表现为表情淡漠、反应迟钝、皮肤潮湿、四肢冷凉、脉搏细速、呼吸浅快、血压下降等症状。发生这些症状和体征的主要原因是微循环血流急剧减少，细胞因缺氧而坏死以及器官功能衰竭等，所以后果一般都比较严重。对于烧伤、电击以及大面积机械创伤的伤员，都容易出现休克。对这类伤员，抗休克治疗是抢救的关键。

(4) 昏迷。昏迷是人体高级神经活动受到严重抑制而出现的症候群，表现为意识丧失以及运动、感觉和反射功能障碍。昏迷的程度有轻有重，浅度昏迷或半昏迷者可有躁动、谵妄、对疼痛有反应，角膜受刺激时有眨眼动作，瞳孔对光线照射有反应；深度昏迷者，全身肌肉松弛，对各种刺激无反应，各种反射均消失，大小便失禁。生产条件下的昏迷多为有害气体急性中毒所致，但也可由机械性外伤所致，如冲击波作用。

现场人身事故中，外伤性窒息或呼吸、心跳骤停是最严重最紧急的，必须及时正确地施行人工呼吸、胸外心脏挤压或其他急救措施，以挽救垂危的伤员。

（一）人工呼吸

人工呼吸适用于电休克、溺水、有害气体中毒窒息或外伤性窒息等所引起的呼吸停止。如果呼吸停止不久，都可进行人工呼吸抢救。

根据正常呼吸的运动机理，施加外力迫使胸腔有节奏地扩大和缩小，能引起肺被动地舒张和收缩，从而有可能使其恢复自主呼吸。

在施行人工呼吸前，先要将伤员迅速地移到附近通风良好的地方，如果在井下进行急救，还要注意顶板是否良好，有无淋水，再将伤员领口解开，腰带放松，并注意保暖。口腔里若有污物、血块、痰液、假牙等，应完全吸出和取出。现场采用的人工呼吸方法有以下3种：

(1) 口对口吹气法。这是效果最好、操作最简单的一种方法。操作前使伤员仰卧，救护者在其头的一侧，一手托起伤员下颌，尽量使其头部后仰，另一手捏住其鼻子，以免吹气时从鼻孔漏气。救护者深吸一口气，紧对伤员的口将气吹入，造成吸气；然后松开捏鼻的手，让伤员自主呼气或压其胸部以帮助呼气。如此反复进行，保持每分钟14～16次。

(2) 仰卧压胸法。让伤员仰卧，救护者跨跪在伤员大腿两侧，两手拇指向内、其余四指向外伸开，平放在其胸部两侧乳头之下，借上半身重力压伤员胸部，挤出肺内空气，然后，救护者身体后仰，除去压力，伤员胸部依其弹性自然扩张，因而空气入肺。如此有节律地进行，每分钟16～20次。

(3) 俯卧压背法。此法与仰卧压胸法操作大致相同，只是伤员俯卧，从后背施加压力。此法对溺水急救较为适合，因便于排出肺内呛水。

施行人工呼吸时，须注意以下几点：

① 口对口吹气时，救护者与伤员两嘴要对紧，以免漏气。开始时吹气压力可大些，频率稍快些，10～20次以后，应逐步将压力减小，以维持胸部隆起为宜。如有必要，可在救护者与伤员的嘴间放块纱布或手帕隔开以避免直接接触，但应以不影响空气进入为原则。

② 进行人工呼吸时，还应随时注意心跳情况，必要时，应与胸外心脏挤压同时进行。

③ 仰卧压胸法不适用于胸部外伤，也不能同胸外心脏挤压法同时进行。

④ 施行人工呼吸法，有时需要数小时才能把伤员救过来。施行时间的长短，以自主呼吸得以恢复或出现死亡征象为原则。

⑤ 做人工呼吸是一项很辛苦的工作，救护者可以轮换进行，或者在进行人工呼吸的同时，积极准备自动苏生器来代替人工呼吸。

（二）胸外心脏挤压

胸外心脏挤压适用于各种原因造成的心跳骤停。正确而及时地作出心脏停跳的判断，是成功地恢复心跳的关键。一般可将心音、脉搏、血压消失作为心脏停跳的先兆。如危重伤员心音低沉、脉搏细弱、血压骤降，都预示心脏随时可能停跳。另外，瞳孔散大、意识丧失、出血伤口无血等，也可能意味着心跳停止。

胸外心脏挤压法之所以能恢复心跳，是基于下述解剖学原理：人的心脏前邻胸骨，后靠脊椎，下有膈膜，又有心包包住，不易向两边移动。由于前胸富有弹性，胸骨和肋软骨交接处当受到压力时能下陷3～4 cm，间接压迫心脏，可使心脏血液排空；外力解除时，陷下的胸骨由于两侧肋软骨的支持又恢复原状，心脏不再受压，处于舒张状态，内部负压增大，静脉血回流心脏，心室又得以充盈，从而推动着血液循环。

在做胸外心脏挤压前，应先做心前区捶击术：使伤员取头低脚高位，救护者以左手掌置其心前区，右手握拳在左手背上进行捶击 3～5 次，每次间隔 1～2 s，以刺激心脏复跳。如捶击无效，应及时、正确地做胸外心脏挤压。做胸外心脏挤压时，应使伤员仰卧在木板上或地面上，救护者跪在伤员一侧，双手重叠放在伤员胸腔正中约胸骨下 1/3 处，用力向下按压，以压下 3～4 cm 有胸骨下陷的感觉为宜，然后放松。如此反复有节奏地进行，每分钟 60～80 次。

做胸外心脏挤压时应当注意以下几点：

(1) 按压的力量应因人而异，对身强力壮的伤员按压力量可大些，对年老体弱的伤员力量宜小些。而且用力要稳定、均匀、规则，不能过猛，以免折断肋骨。

(2) 胸外心脏挤压可与口对口吹气人工呼吸同时进行。一般换一次气，挤压心脏 4～5 次。

(3) 应掌握好按压频率。按压过快，心室舒张不充分，静脉回血少；按压过慢，动脉压力低，效果也不好。按压显效时，可摸到颈总动脉、股动脉搏动，散大的瞳孔开始缩小，口唇、皮肤转为红润，血压回升到 8 kPa(60 mmHg)以上。

二、实验目的

(1) 通过对救护模拟人进行的胸外心脏挤压和人工呼吸的操作训练实验，使学生熟悉现场救护常识及基本操作要领。

(2) 熟悉自救器、呼吸器等救护和防灾工作中常用仪器的原理、结构及其使用方法。

(3) 熟悉工业卫生工作中部分仪器仪表的原理、结构及其使用方法。通过测量常用工业卫生指标，加深对这些指标的理解，并为将来在实际工作中使用好这些仪器仪表打好基础。

三、实验仪器

(1) 救护防灾仪器：救护模拟人、自救器、呼吸器、防尘防毒面罩等。

(2) 疲劳和生理指标测定：两点阈量规、反应时间测试仪等。

(3) 辐射测定：放射强度测定仪、电磁场场强仪、微波漏能测试仪等。

四、实验内容

(一) 实验内容 1：心肺复苏救护模拟人操作训练

在实验指导教师讲解、示范的基础上，动手实测、试用、试戴，掌握各类仪器、器具的使用方法。救护装备实验重点是掌握 GD/CPR300S-A(B)型高级自动电脑心肺复苏救护模拟人的使用。如图 10-1 所示。

1. 模型人安装

先将模拟人从人体硬塑箱内取出，将模拟人平躺仰卧在操作垫上，另将显示器、连接电缆线、外接电源线从显示器箱内取出与模拟人进行连接，即完成连线安装过程。

2. 功能设定及使用方式

完成连线后，即打开显示器电源开关，如操作时需要语言提示功能，即拉出语言声音调控开关按钮，调节音量。随之有语言提示，按“工作方式”键，可选择“(1)训练操作”、“(2)考核操作”。各按键功能及显示窗口如图 10-2 所示。

图 10-1 心肺复苏救护模拟人

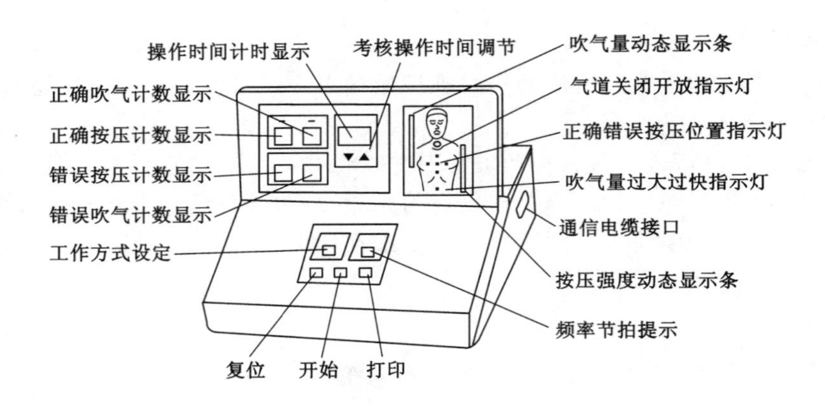

图 10-2 心肺复苏救护模拟人显示器

如果选择“训练操作”,语言提示:“请按开始键开始操作”,随后按“开始”键,在第一次吹气或胸外按压后,操作时间以秒为单位开始计时,训练时间最长为 9′59″。

如选择“考核操作”,语言提示:“请选择工作时间”,按“▲▼”时间调节键设定考核时间,最后有语言提示:“请按开始键开始操作”,随后按“开始”键,在两次正确吹气后,这时,考核时间以秒为单位开始计时,超过设定的考核时间,系统自动停机,结束本次操作。

如操作过程中无须语言提示或降低语言提示音量,可在显示器背面的声音旋钮调节音量或关闭声音。

重要功能键介绍:

(1) 复位键功能:选定工作方式后操作不成功或其他原因需要重新操作,轻按一下“复位”键重新按当前工作程序操作。如需更改工作方式操作,同样按“复位”键,按压时间稍长些,即恢复开机状态,可以重新设定工作方式及其他操作步骤,开始操作。

(2) 打印键功能:训练、考核结束后,可进行成绩打印。成绩打印可分为短条成绩单和长条成绩单两种打印模式。轻按一下，打印出短条成绩单；连续按住 3～5 s，打印出长条成绩单。有按压、吹气正确错误次数，所需操作时间，脉搏频率，以及按压强度、按压位置、吹气量度区域线条曲线等功能打印，以供考核成绩评定及存档。

3．人工呼吸规范动作及注意事项

（1）气道开放：

如图 10-3 所示，将模拟人平躺仰卧，操作时，操作人一只手两指捏住模拟人鼻子，另一只手伸入模拟人后颈或下巴将其头托起往后仰，与水平面形成 70°～90°夹角，显示器上颈部气道开放的数码指示灯亮起，说明气道开放，便于人工吹气。

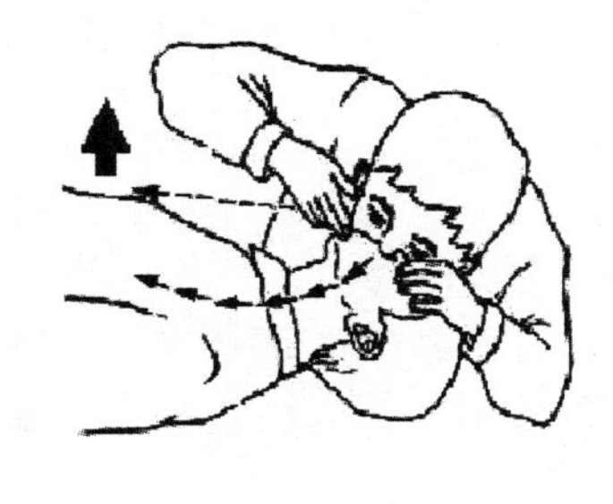

图 10-3　人工口对口吹气

（2）正确、错误的人工吹气功能提示：

首先进行人工口对口吹气（如现场抢救中伤员口闭紧，上下牙齿紧咬，无法进行口对口吹气，可以采取口对鼻吹气；若模拟人的口是张开的，如操作口对鼻吹气，必须用手将模拟人的口封住再进行口对鼻吹气操作）。

① 正确的人工吹气，吹入潮气量达到 500～1 000 mL，显示器上正确吹气量的信息反馈由条形动态数码显示为由黄色区域到绿色区域，吹气正确数码计数 1 次。

② 错误的人工吹气，吹入潮气量大于 1 000 mL，显示器上的吹气量过大的信息反馈由条形动态数码显示为由黄色区域至绿色区域再至红色区域，并有“吹气过大”的语言提示，吹气错误数码计数 1 次。

③ 错误的人工吹气，吹入潮气量不足 500 mL，显示器上的吹气量不足的信息反馈由条形动态数码显示为黄色区域，并有“吹气不足”的语言提示，吹气错误数码计数 1 次。

④ 错误的人工吹气，吹入的方式过快或吹入潮气量过大，吹入潮气量大于 1 200 mL 造成气体进入胃部，显示器上的胃部的红色指示灯显示亮起，并有语言提示，吹气错误数码计数 1 次。

（3）注意事项

① 做口对口人工呼吸时，必须使用一次性 CPR 训练面膜，一人一片，以防交叉感染。

② 操作者双手应清洁，女生应擦除口红及唇膏，以防污染模拟人面皮及胸皮，更不允许用圆珠笔或其他色笔涂划。

4．胸外心脏挤压操作训练

（1）正确、错误的按压位置及按压功能提示：

首先应找准进行胸外心脏挤压操作的正确位置，即两侧肋弓交点处上方两横指处（胸骨中下 1/3 交界处或胸部正中乳头连线水平处）。然后，双手交叉叠在一起，手臂垂直于模拟人胸部按压区，进行胸外按压，可参考图 10-4。

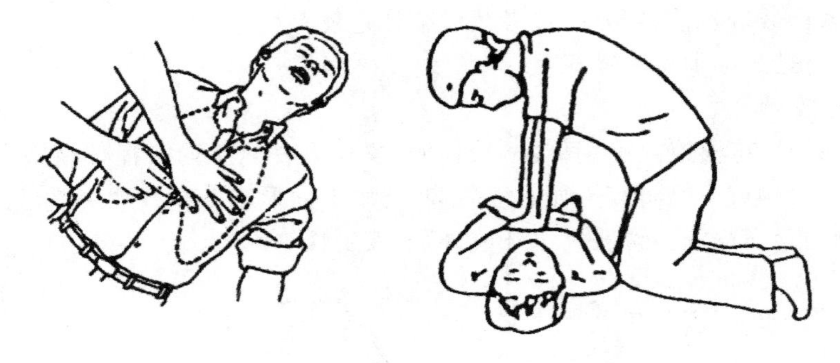

图 10-4　心肺复苏救护模拟人胸外心脏挤压训练

按压位置正确，显示器上的正确按压区域绿灯数码显示，并有正确按压数码计数 1 次。

按压位置错误，显示器上的错误按压区域黄灯数码显示，并有“按压位置错误”的语言提示，错误按压数码计数 1 次。

（2）按压强度及提示：

正确胸外按压深度为 4～5 cm，显示器上的正确按压强度信息反馈由条形动态数码显示为黄色区域至绿色区域，并有正确按压数码计数 1 次。

当按压的深度小于 4 cm，显示器上的按压不足信息反馈由条形动态数码显示为黄色区域，并有“按压不足”的语言提示，错误按压数码计数 1 次。

当按压的深度大于 5 cm，显示器上的按压过大信息反馈由条形动态数码显示为黄色区域至绿色区域再至红色区域，并有“按压过大”的语言提示，错误按压数码计数 1 次。

如果在一次胸外按压后，在胸壁还没有回复至原位而再次按压，将有“按压复位”的语言提示，错误按压数码计数 1 次。

（3）按压操作时，一定要按工作频率节奏按压，不能乱按一阵，以免程序出现紊乱。如出现程序紊乱，可长按“复位”键或关掉显示器电源开关，重新开启，以防影响显示器使用寿命。

5. 操作方式

（1）训练练习：

此项操作是让初学人员熟悉掌握操作基本要领及各项步骤。

学生做好操作前的各项准备工作，设定好训练工作方式，按“开始”键启动后，首先进行气道开放，然后进行先口对口吹气或先胸外按压都可以，操作正确错误有各类功能数码显示及语言提示。操作时间最长为 9′59″，如操作过程中需要中断操作，可按“开始”键终止或停止操作 30 s 后会自动终止训练操作。按“打印”键，可打印出两种模式的短条与长条训练成绩报告单，以备考试成绩评定及存档。

（2）考核操作（单人考核与双人考核）：

此项操作是对学生在已熟练掌握训练操作的基础上进行考试，学生必须按考试标准电脑操作程序进行。

根据《2005 国际心肺复苏(CPR)& 心血管急救(ECC)指南》的要求，单人考核与双人考核按最新标准的胸外按压与人工呼吸的比例一律为 30∶2，操作频率为 100 次/min，操作周期为 2 次有效吹气，再正确按压与人工吹气 5 个循环 CPR。

考核标准操作程序：

首先，设定好考核方式与考核时间的功能后，检查模拟人的瞳孔为散大状态，颈动脉没有搏动状态等情况下，将模拟人气道开放，人工口对口正确吹气 2 次(不含错误吹气次数在内)。

然后，显示器上的时间计时数码开始计时，马上按国际最新抢救标准比例 30∶2 的方式操作，必须按照操作频率 100 次/min 的提示节拍音，进行正确胸外按压 30 次(不含错误按压次数在内)，再正确人工呼吸口对口吹气 2 次(不含错误吹气次数在内)，连续操作完成 30∶2 的 5 个循环标准步骤。

最后，在原先设定的考核时间内，显示器上的正确胸外按压次数显示为 150 次，正确人工呼吸次数显示为 12 次(含最先气道开放时，吹入的 2 次计数在内)，即可成功完成单人考核或双人考核的操作程序过程。

如果在设定的时间内不能完成 5 个循环标准步骤，将有"急救失败"语言提示。按"复位"键重新开始考核操作。

成功完成单人或双人操作过程后，自动奏响音乐，检查模拟人的瞳孔由操作前的散大状态自动缩小恢复正常；触摸颈动脉有节奏的自动搏动；查看所需操作时间，说明人被救活及被救所需时间。

按"打印"键即可打印出两种模式的短条与长条的考核操作成绩报告单，以供考核成绩评定及存档。

(二) 实验内容 2：自救器与呼吸器的使用

1. 自救器

自救器在矿井、火灾事故等环境中，当发生有毒气体污染或缺氧窒息性灾害时，提供给现场人员及时佩戴，保证受灾人员呼吸以便能逃离灾区，是一种随身携带的呼吸保护器具。

按原理不同，自救器可分为化学氧自救器、压缩氧自救器和过滤式自救器三大类，如图 10-5 所示。

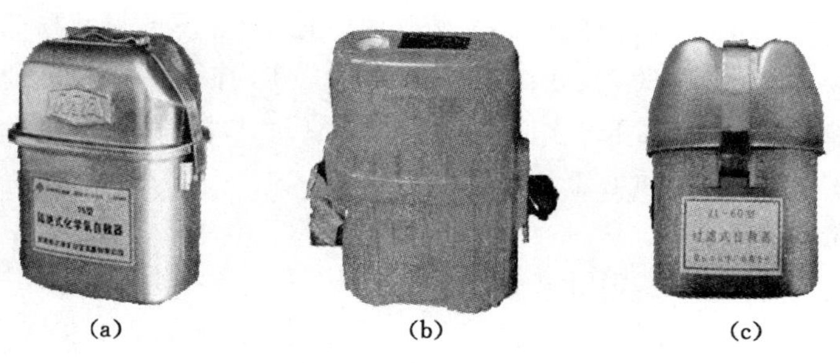

(a)　　(b)　　(c)

图 10-5　各类自救器外形

(a) 化学氧自救器；(b) 压缩氧自救器；(c) 过滤式自救器

(1) 化学氧自救器。生氧罐内装有超氧化钠，需要使用时，可拉启动装置使硫酸与启动药块起化学反应而立即生氧。但操作有点麻烦，且反应时产生的热可能难以承受。

(2) 过滤式自救器。最简单的一种，成本低但局限性也大(氧气浓度不低于 18%，过滤气体单一)，是一种非隔绝式自救器，矿井很少用。

(3) 压缩氧自救器。优势是使用方便，温度基本正常，但是氧存量较小(15～45 min)。

现以 ZY45 型压缩氧自救器为例，介绍自救器使用步骤：

① 将自救器从侧背移到前面。

② 拉开两侧的塑料挂钩，脱掉上壳，完成自救器启封。

③ 将口具放入口中，紧紧咬住口具牙垫并紧闭嘴唇，保证气密性。

④ 打开气瓶阀门，按动补气压板直到气囊鼓起停止，立即用鼻夹夹住鼻翼，通过口具呼吸。

⑤ 使用中如感到自动供气不能满足需要时可按压补气压板补气。按压补气压板耗气量大，不宜多用。

启封后的自救器及佩戴方法如图 10-6 所示。

图 10-6　自救器启封及佩戴

2. 隔绝式压缩氧呼吸器

隔绝式氧气呼吸器主要供矿山救护队员、消防队员或其他受过专业训练的人员，在有毒有害气体环境(1 atm)中作为供氧器具，进行抢险、事故处理、救护工作时佩戴使用。

隔绝式氧气呼吸器的主要部件有外壳、氧气瓶、压力表、呼吸阀及导管、口具或面罩、呼吸袋、清净罐、降温器、水分吸收器、联络哨和背带等。使用时间多为 2～4 h，其中 4 h 氧气储备量(钢瓶压力在 20 MPa 时)约 400 L。定量供氧量 1.2～1.4 L/min。气囊有效容积 4.5 L，吸入气体温度(环境温度在 25.5 ℃时) 38 ℃。

每次使用后的维护工作：

(1) 口具(面罩)等的清洗、消毒和干燥处理。

(2) 充填氧气或换上已充好气的备用气瓶，务必用医用氧，压力达 20 MPa，以保证使用时间。

(3) 换装清净罐中的 CO_2 吸收剂。

清净罐中的 CO_2 吸收剂具有氧气再生作用，其主要成分是 $Ca(OH)_2$，化学反应式为：

$$CO_2 + Ca(OH)_2 = CaCO_3 + H_2O + 19.9\ kcal$$

特别注意：更换吸收剂必须符合有关标准。

呼吸器使用时的气体流程如图 10-7 所示。

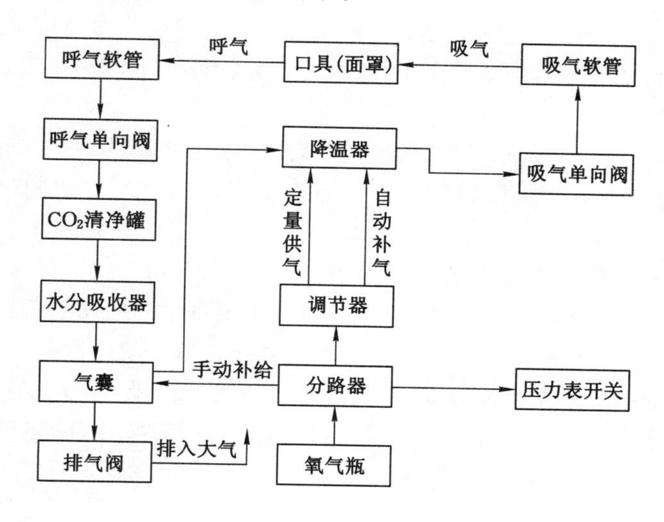

图 10-7　呼吸器气体流程

（三）实验内容 3：工业卫生综合实验

1. 反应时间测试仪实验

选择、声光反应时间测定装置是劳动生理心理学常用的实验仪器，主要用于反应时间的测定，如图 10-8 所示。本仪器可分别测量不同光色条件下的选择性反应速度和声光刺激的反应速度，常作为劳动疲劳研究的重要生理指标，还可用于测定特殊专职人员、体育运动员的反应快慢，为培训和选拔各类专业人员提供科学的测试手段。

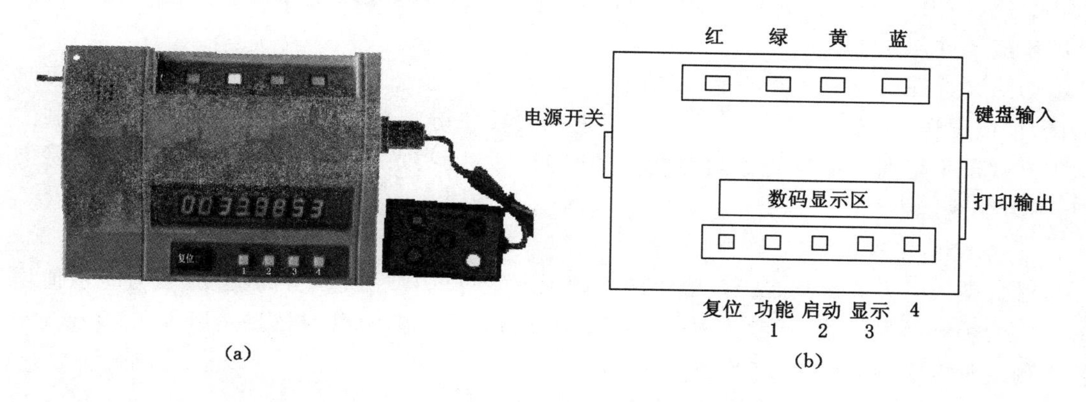

图 10-8　反应时间测试仪

(a) 实物；(b) 面板

劳动时人体对氧的需要量大增，代谢量随之增大，产生的能量供体内各部分做功以后，排出大量代谢产物，因而，机体内各系统均发生了变化。人对这些变化的直接感受(反应)就是疲劳。作业疲劳是劳动生理的一种正常表现。人在疲劳后对外界刺激的反应会变得迟钝，可通过测定其作业前后的反应速度来加以评判。

(1) 选择反应时的测定

选择反应是比较在四种颜色的光刺激下的选择反应时间。本仪器通过四个半导体四色发光二极管作为光刺激,用对应四种颜色的四孔光电反应键作为反应部件。

实验时,将光电反应键盘插入主机上的插座,将主机连接 220 V 交流电,打开电源开关,此时显示器显示“n1————n4”:

① 按下 1 号功能键,选择 n1 为选择反应时,显示器显示“20”,为测试次数。

② 按动 1 号功能键,选择测试次数,显示器将依次显示“40”、“60”、“80”、“20”,通常设置在 20 次。

③ 选择好测试次数以后,主试按下 2 号启动键,测试开始。

④ 四种颜色的光刺激将自动呈现,呈现次序是随机的,但每种颜色呈现的总次数将是设置测试次数的 1/4,如测试次数为 20 次,则每一种颜色的呈现总次数为 5 次。

⑤ 被试用右手食指按在测试键盘中央,眼睛盯住蓝、黄、绿、红发光管,根据不同颜色刺激的呈现,发现哪个亮迅速用手指移到对应颜色的圆孔将其按住,并迅速回位等待下一次测试。按错一次仪器将自动按出错处理,其时间不计入统计。如时间超过 99.999 9 s 也按出错处理。

⑥ 当所设置的测试次数完成后,蜂鸣器自动鸣响 1 s,以告知实验结束。

⑦ 按动 3 号显示键,显示器将依次显示:总平均时间、红绿黄蓝各颜色的平均反应时间、设置的测试次数、出错次数等。如连接了打印机,还可按下 1 号功能键打印测试结果。

如再次测试,按下复位键,仪器复位,再按以上步骤进行操作。

(2) 声光反应时的测定

声光反应是按随机呈现的声、光刺激,被试做出固定反应,数据分别统计、计算,通过测试,验证不同刺激下的感官反应。仪器通过四个半导体四色发光二极管一起点亮作为光刺激,通过仪器内部的压电蜂鸣器发出声响作为声刺激,用四孔光电反应键的任一孔作为被试的反应部件。

与测试选择反应时不同的是,仪器通电后第一步需按下 4 号键,选择 n4 为声光反应时测试,被试根据声(光)刺激的呈现,手指迅速离开反应键盘上的圆孔,仪器将自动记录刺激呈现到被试手指离开反应键盘圆孔之间的时间,即对声、光刺激的反应时间。其余步骤类似,不再赘述。

2. 触觉两点阈值测定——两点阈量规

触觉是人的五大感觉之一。触觉两点阈的测定可间接反映疲劳的程度,疲劳时该值增大。人的手背部最敏感,其触觉两点阈约 3~4 mm;躯干部(背部)最迟钝,通常在 40 mm 左右。测定时以面颊为标准,典型值为 7 mm。

3. 辐射测定实验——微波漏能测试仪

辐射类测量仪器仪表种类很多,实验以 ML-91 型微波漏能测试仪为例,了解其性能指标并学会其使用方法。

仪器测量功率密度范围:0.2 $\mu W/cm^2$~20 mW/cm^2。量程分为三挡自动转换,并用发光二极管指示。仪器具有报警功能,当辐射功率密度大于 5 mW/cm^2 时,仪器报警(可调节)。监测微波设备漏能情况及探索工作地点微波辐射源时,应在距离微波设备 5 cm 处测量。

我国《微波辐射暂行卫生标准》中规定:

(1) 1 日 8 h 连续辐射时，不应超过 38 $\mu W/cm^2$。

(2) 短时间间断辐射时，1 日总剂量不超过 300 $\mu W \cdot h/cm^2$。

(3) 特殊情况，需要在大于 1 mW/cm^2 环境工作时，必须使用个人防护用品，但日剂量不得超过 300 $\mu W \cdot h/cm^2$。一般不容许在超过 5 mW/cm^2 的辐射环境下工作。

五、实验报告要求

实验报告由实验指导教师根据实验所用仪器的种类提出具体要求，主要应包括：

(1) 实验目的。

(2) 实验仪器设备。

(3) 实验操作方法。

(4) 实验测定及数据记录。

(5) 分析和小结。

实验十一　电气安全综合实验

电气安全综合实验由 4 个实验构成，如表 11-1 所列。

表 11-1

序号	实验名称	实验时数	实验性质	前修课程要求
实验 1	常用低压电气 设备及其功能	1	综合性	电工电子学 电气安全工程
实验 2	电气测量仪器仪表的 构造、原理及使用	1	综合性	电工电子学 电气安全工程
实验 3	电气事故模拟及预防	1	综合性	电工电子学 电气安全工程
实验 4	电气设备控制 及安全保护	1	设计性	电工电子学 电气安全工程

实验1　常用低压电气设备及其功能

一、实验目的

低压电气设备安全是电力系统安全的重要组成部分。对用电者而言，接触低压电气设备的机会要远高于高压设备。本实验的目的就是从使用者的角度，熟悉和掌握低压电气领域常用的控制和保护设备的类型、工作原理、安全要求和防护性能等，力求正确选型、物尽其用，保证用电安全。

二、实验仪器

低压电气设备根据其功能分为控制电器和保护电器两大类别。直接用来接通和断开电源、控制设备的开、停、换向、加速、减速等功能的电气设备叫控制电器，包括各类开关、断路器、启动器、调速器等；用来从线路或设备中采集、获取有关信号，并将这些信号用于对线路和设备进行安全保护的电器称为保护电器，如各类熔断器、继电器。

（一）低压控制电器类

（1）刀开关与按钮开关。常见的刀开关有胶盒开关、铁壳开关、正反启动开关等。按钮开关主要分自锁与非自锁两类。

（2）低压断路器。一种组合式开关装置，既可以用手动操作来接通和分断电路，也接受保护元件的信号（过流、过热、欠压、断零线）在需要时（“或”关系）自动切断电源，属于电气系统中的自动化设备。

（3）交流接触器（电磁开关）。一种用低电压或小电流来控制较大电气设备的电气装置，在工业生产中广泛使用。

（4）减压启动器。当电动机容量较大时，为减小电动机启动时较大的启动电流对电网的冲击，人们专门设计的一类减小电动机启动电流的电器。

（二）低压保护电器

常用的有低压熔断器、热继电器和欠压、过流等电磁式继电器、电动机综合保护器。

（三）各种电流互感器、时间继电器等

三、实验内容与要求

（一）刀开关与按钮开关实验

1. 刀开关实验

靠金属刀片（或类似构造）的挤压接触和分断来控制电流的都属于刀开关。常见的有胶盒开关、铁壳开关、正反启动开关等。用于5.5 kW及以下较小容量的电气设备控制，不带或仅带有简单的灭弧装置，在低压电路中通常和熔断器配合使用，有的自带熔断器，可单独使用，如胶盒开关。

实验要求和使用注意事项：

（1）容量与选型。

控制恒流设备时，容量稍大于额定电流即可。控制电动机等冲击（启动）电流较大的设备，容量应为额定电流 3 倍以上。

（2）刀开关（胶盒开关）的接线、安装方法、操作方法实验。

开关类一般为静触头接电源，动触头接负载。胶盒刀开关应垂直安装，且固定触头（大头）朝上，严禁反转或水平安装。操作时无论合闸和分闸动作宜快，以减小拉弧和不同步时间。

（3）铁壳开关的接线和操作实验。

铁壳开关主要由装在同一转轴上的三相刀闸、操纵手柄、速断弹簧和熔断器四部分组成，用于开合一定量的用电负荷，并通过熔断器起到短路和过载保护作用。为了保证安全，铁壳开关装有机械联锁装置，即在铁壳开关箱盖打开时，手柄不能操作开关合闸送电。

2. 按钮开关实验

利用按钮推动传动机构，使动触点与静触点接通或断开并实现电路换接的开关。按钮开关是一种结构简单，应用十分广泛的主令电器。在电气自动控制电路中，用于手动发出控制信号以控制接触器、继电器、电磁启动器等。

按钮开关的结构种类很多，可分为普通揿钮式、自锁式、自复位式、旋柄式、带指示灯式及钥匙式等，有单钮、双钮、三钮及不同组合形式，由按钮帽、复位弹簧、桥式触头和外壳等组成。还有一种自持式按钮，按下后即可自动保持闭合位置，断电后才能打开。

按钮开关可以完成启动、停止、正反转、变速以及互锁等基本控制。通常每一个按钮开关有两对触点。每对触点由一个常开触点和一个常闭触点组成。当按下按钮，两对触点同时动作，常闭触点断开，常开触点闭合。

为了标明各个按钮的作用，避免误操作，通常将按钮帽做成不同的颜色，以示区别，其颜色有红、绿、黑、黄、蓝、白等。如，红色表示停止按钮，绿色表示启动按钮等。

常见的几种刀开关和按钮开关如图 11-1 所示。

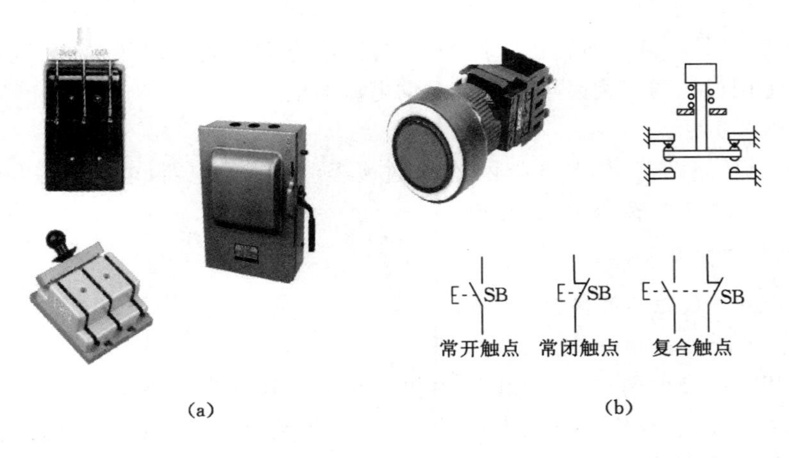

图 11-1 常见的几种刀开关和按钮开关

（a）刀开关；（b）按钮开关及结构、符号

（二）低压断路器实验

低压断路器也称为空气开关，如图 11-2 所示。低压断路器大都带有灭弧装置，同等体积下容量比刀开关要大得多，分断电流的能力可达上万安培。

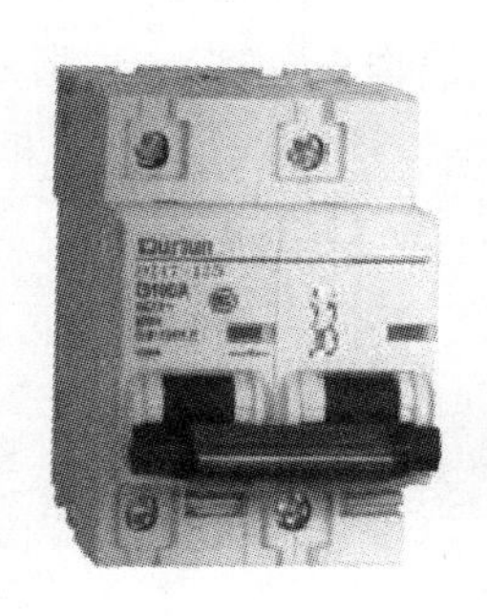
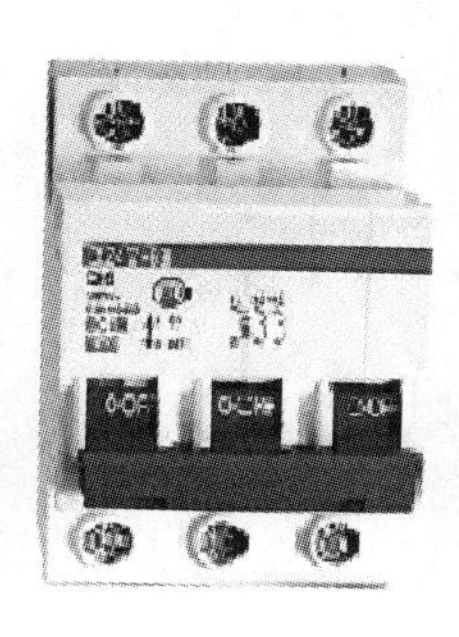
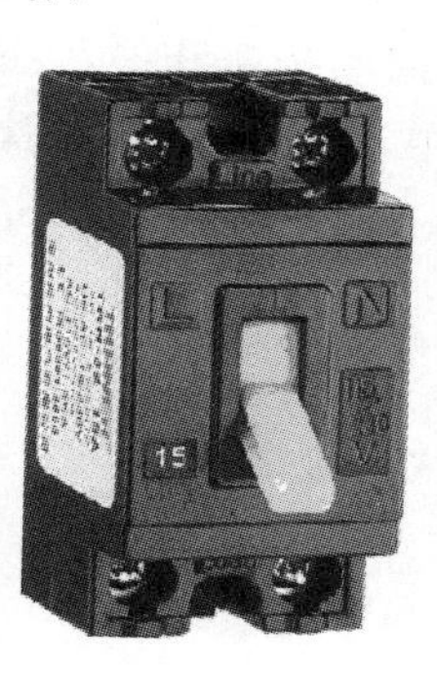

图 11-2　低压断路器(空气开关)

实验时重点了解断路器对安全的贡献，如其具有良好的开关功能和良好的保护特性，当发生短路故障时，它能在线路电流达到最大值之前就将线路完全切断，对过电流保护方式有瞬时动作、延时动作和反时限动作等三种。

（三）交流接触器(电磁开关)实验

交流接触器是一种用小电流控制大电流的电气装置，使用非常广泛，一般装在低压小型配电柜或控制柜内，通过面板上的启动、停止等按钮操作相应的设备工作。

交流接触器主要由四部分组成：① 电磁系统，包括线圈、动铁芯和静铁芯；② 触头系统，包括三组主触头和一至两组常开、常闭辅助触头，它们和动铁芯是联动的；③ 灭弧装置，一般容量较大的交流接触器都设有灭弧装置，以便迅速切断电弧，免于烧坏主触头；④ 绝缘外壳及附件，包括弹簧、传动机构、短路环、接线柱等。外形如图 11-3 所示。

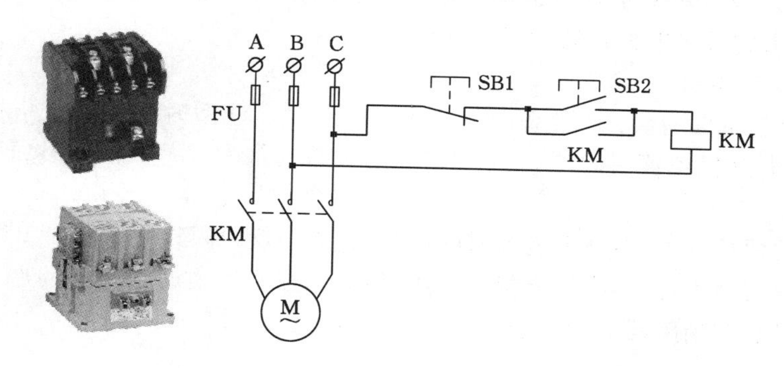

图 11-3　交流接触器(电磁开关)及其应用

当线圈通电时，静铁芯产生电磁力将动铁芯吸合，由于触头系统是与动铁芯联动的，因此动铁芯带动三条动触片同时运行，触头闭合，从而接通电源。当线圈断电时，吸力消失，动铁芯联动部分依靠弹簧的反作用力而分离，使主触头断开，切断电源。

交流接触器广泛用于电力设备的控制。它利用主触头来开闭电路，用辅助触头来执行控制指令和指示灯等。主触头一般只有常开触头,而辅助触头常有一到两对常开和常闭触头。交流接触器的主触头,由银钨合金制成,具有良好的导电性和耐高温烧蚀性。

图 11-3 所示线路是用交流接触器控制电动机运行的最简单线路。图中 SB1 是停机按钮开关,SB2 是启动按钮开关,线圈电压为 380 V。

在电路图中,线圈、主触头、常闭或常开的辅助触头等的标识如图 11-4 所示。

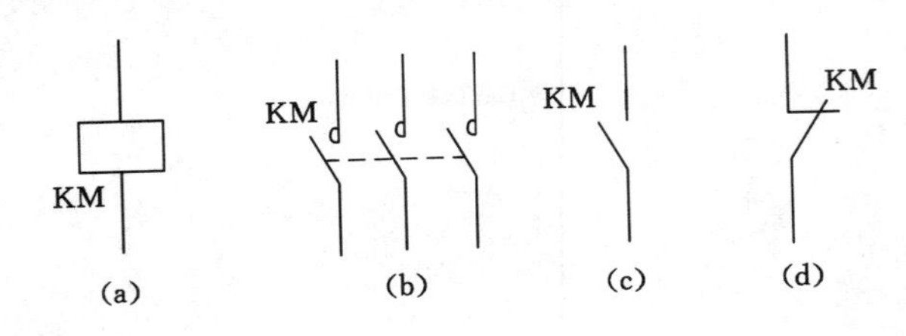

图 11-4 交流接触器符号

(a) 线圈;(b) 主触头;(c) 常开辅助触头;(d) 常闭辅助触头

交流接触器的三路主触头有 6 个接线柱,输出和输入是一一对应的,通常输入端标注有 L1、L2、L3,输出端标注有 T1、T2、T3,前者为电源端,后者为设备端。线圈的两个接线端子,一般在接触器的下部,且大多分在两侧,也有的型号为方便接线,在同侧增加一个接点,常用 A1、A2 标注。接线时还要注意标注的线圈电压是多少(通常 220 V 或 380 V),以免接错。

通过实验了解交流接触器的工作原理,并通过后续实验理解其对安全的贡献:实现用小电流控制大电流,使操作部位远离主触头,保障操作人员安全,以及可提供自锁、互锁等功能,保证设备安全运行。

(四) 减压启动器

减压启动器目前常用的有四种,分别为:星形—三角形启动;串联电阻、串联电抗启动;自耦减压启动;延边三角形启动。

对安全的贡献:主要是减小电动机启动时启动电流对电网的冲击,提高线路和设备的安全性,以及由此带来的保护装置可能的误动作。

(五) 低压熔断器

低压熔断器通常有管式、螺塞式和插式三种类型。选型时注意两个指标:一个是临界电流 I_C;一个是额定电流(标注电流)I_{FU}。二者关系通常为:$I_C=(1.3\sim1.5)I_{FU}$。I_C/I_{FU}叫熔化系数。

熔断器的保护特性:熔断电流与时间的关系,多为反时限特性,如图 11-5 所示。

安全贡献与评价:虽然有过流保护作用,但也存在不能实时保护等问题,尤其是插式熔断器。目前已有被断路器取代的趋势。

(六) 热继电器

热元件接在电路中,正常电流时不发热或发热量很小,不会引起双金属片动作。即电路中的电流不大于热元件的整定电流时,热继电器不会动作。超过整定电流时,超过越多,动作时间越短。其外形、符号及应用电路如图 11-6 所示。

对安全的贡献:避免过载过热事故,预防电气火灾。

(七) 电磁式继电器

电磁式继电器常用于过流保护和欠压保护。过流保护时,正常电流不吸合,过流时吸

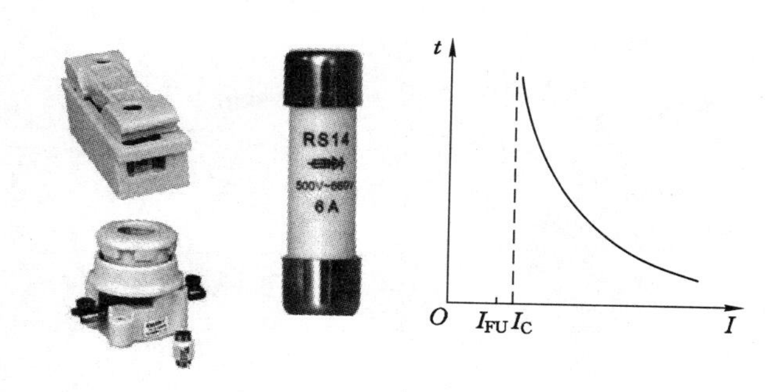

图 11-5　熔断器及其保护特性

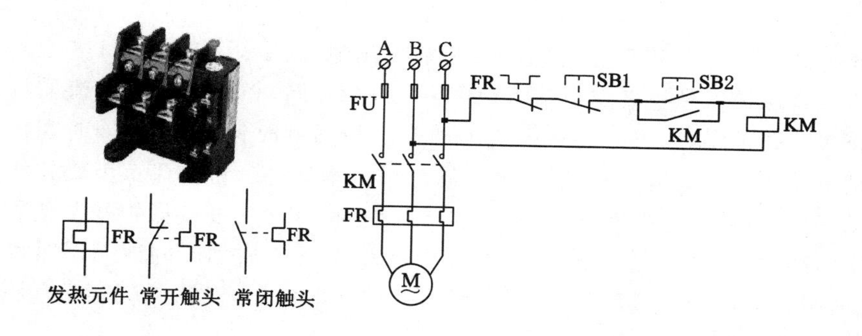

图 11-6　热继电器外形、符号与应用电路

合，切断电路；欠压保护时，正常电压时吸合，欠压时线圈吸力减小，在弹簧力作用下切断电路。其外形及结构如图 11-7 所示。

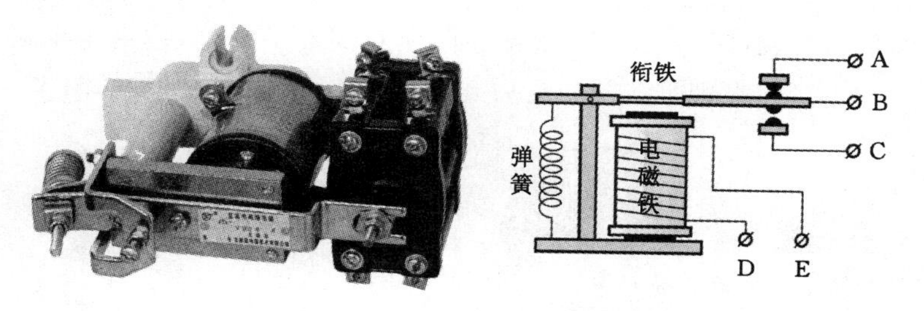

图 11-7　电磁继电器外形与结构

（八）电动机综合保护器

电动机综合保护器是针对三相电动机在运行中因断相（缺相）和过流等原因造成烧毁而设计的保护产品，设有运行指示灯、断相故障指示灯和过载报警灯，具有灵敏度高、动作可靠、体积小、安装调试方便等优点，广泛用于中小型电动机的保护。其外形及应用电路如图 11-8 所示。

综合保护器通常有 4 个接线端子，其中 1、2 是综合保护器的工作电源，接在主开关之后与电动机同步工作；3、4 是综合保护器常闭触点输出，应串入交流接触器的控制回路中使其发挥保护作用。安装时按常规接好交流接触器及其控制线路，再将交流接触器和电动机

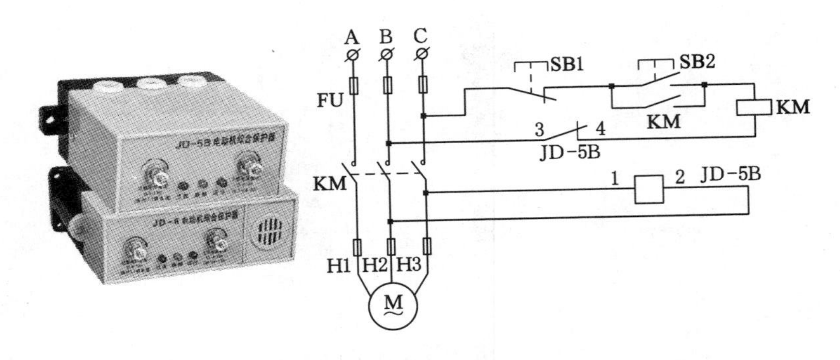

图 11-8　电动机综合保护器及应用电路

之间的三相电源线分别穿过综合保护器的三条线孔中，图中用 H1、H2、H3 表示。如果负载电流小于综合保护器最小设定电流，穿线时可增加一圈，相应的过载电流的设定也需同步增加。检查线路无误后，将时间和电流的两个电位器顺时针旋到底，即时间值和电流值最大。启动电动机正常运转，保护器面板上的运行指示灯亮。将电流调节旋钮缓慢地逆时针方向旋动，直至过载黄色报警灯闪烁，再顺时针退回一点，使过载保护处于临界状态或根据需要设定。然后再将延时旋钮的时间设定略大于电动机启动时间。调试时设法使电动机过载，这时报警灯即闪亮，按设定时间延时后自动断电保护，安装调试完毕。还可人为制造缺相事故，试验其缺相保护功能。

（九）时间继电器

时间继电器分为电磁式时间继电器和集成电路静态时间继电器两种，专用于电力系统二次回路继电保护及自动控制回路中，作为延时装置，使被控元件得到所需延时。

时间继电器有指针式、数显式等时间指示方式。多为通电延时型和断电延时型。所谓通电延时型即时间继电器线圈得电后开始延时，延时到设定时间，由继电器触头控制负载的接通或分断。断电延时型则是线圈失电后开始延时。其外形及符号如图 11-9 所示。

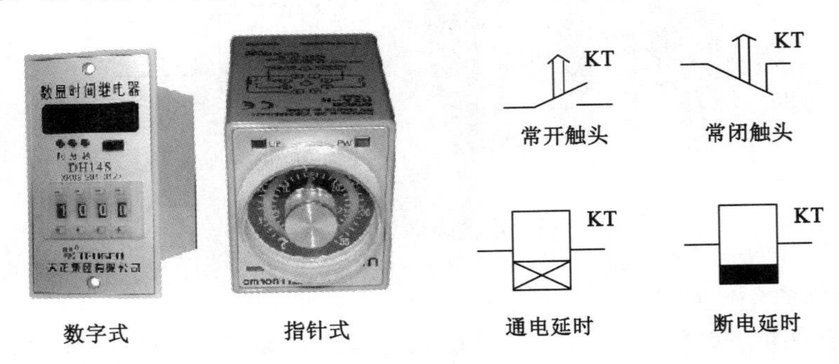

图 11-9　时间继电器外形及符号

有些型号时间继电器是带瞬动触头的通电延时型，另外多一对常闭、常开瞬动触头，即时间继电器通电时瞬动触头立即动作。此外还有重复循环延时型等以适应不同的应用需求。

（十）电流互感器

电流互感器有穿线式、开合式、钳形等不同结构，如图 11-10 所示。其作用是可以把数值较大的一次电流按一定的变比转换为数值较小的二次电流，用来进行保护、测量等用途。如变比为 400/5 的电流互感器，可以把实际为 400 A 的电流转变为 5 A 的电流。

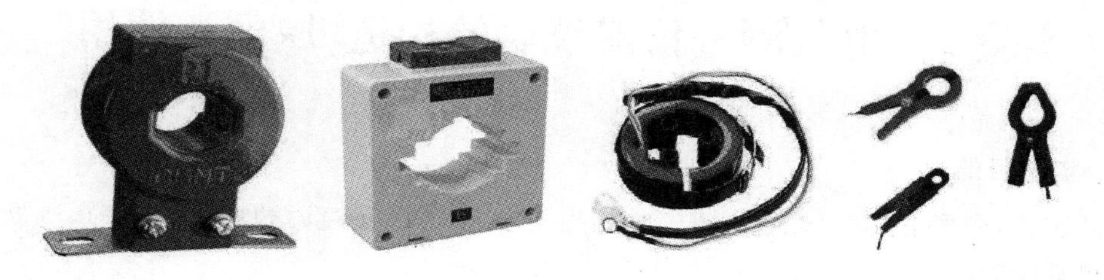

图 11-10　电流互感器

电流互感器的接线应遵守串联原则，即一次绕阻应与被测电路串联，而二次绕阻则与所有仪表负载串联。

实际使用时应按被测电流大小，选择合适的变比。同时，二次侧一端必须接地，以防绝缘一旦损坏时，一次侧高压窜入二次低压侧，造成人身和设备事故。

二次侧绝对不允许开路，因为一旦开路，一次侧电流全部成为磁化电流，引起铁芯过饱和磁化，发热严重甚至烧毁线圈。还有就是电流互感器在正常工作时，二次侧近似于短路，若突然使其开路，则励磁电动势骤然变大，铁芯中的磁通呈现严重饱和的平顶波，二次侧绕组将在磁通过零时感应出很高的尖顶波，其值可达到数千甚至上万伏，危及工作人员的安全及仪表的绝缘性能。

钳形电流互感器也称为仪用电流互感器，多是在实验室使用的精密电流互感器，一般用于扩大仪表量程。

四、实验报告要求

根据实验内容分步编写实验报告，并侧重如下几项：

（1）断路器对安全的贡献。

（2）实验用交流接触器控制大电流设备的接线图及其运行结果。

（3）采用和不采用减压启动器两种情况下启动时间和电流峰值的比较。

实验 2　电气测量仪器仪表的构造、原理及使用

一、实验目的

通过实验，熟悉在电气安全领域中常用电工仪器仪表的构造和原理，学会正确使用各种电气测量仪器以及处理使用中可能出现的安全问题。

二、实验仪器

(1) 万用表(包括指针式、数显式)。

(2) 绝缘电阻表(手摇兆欧表)。

(3) 接地电阻测量仪。

(4) 三相功率表。

(5) 单相电能表、三相四线有功电能表。

三、实验内容

(一) 万用表的使用

万用表又叫多用表、三用表、复用表，分为指针式万用表和数字式万用表，是一种多功能、多量程的测量仪表，一般万用表可测量直流电流、直流电压、交流电流、交流电压、电阻、电容量、电感量及半导体的一些参数。如图 11-11 所示。

图 11-11　各种万用表

万用表是电子测试领域最基本的工具，也是一种使用广泛的测试仪器。万用表由表头、测量电路及转换开关等三个主要部分组成。与模拟式仪表相比，数字式仪表灵敏度高，精确度高，显示清晰，过载能力强，便于携带，使用更简单。

数字万用表的表头一般由一只 A/D(模拟/数字)转换芯片、外围元件和液晶显示器组成，万用表的精度受表头的影响。由于 A/D 芯片转换出来的数字位数不同，分为 3 位半数字万用表、4 位半数字万用表等。高精度的台式万用表可达 6 位半甚至更高。

普通万用表的选择开关是一个多挡位的旋转开关，用来选择测量项目和量程。

表笔分为红、黑两只。使用时应将黑色表笔插入标有“COM”的插孔，红色表笔根据不

同的测量项目插入相应的插孔。千万注意不能在表笔插在测量电流的插孔中来测量电压。

实验时参看各种万用表的说明书，通过对各类电参数进行实际测量掌握其使用方法。

（二）绝缘电阻表的使用

绝缘电阻表是用来测量电气产品绝缘性能的仪器。手摇式绝缘电阻表如图 11-12 所示。

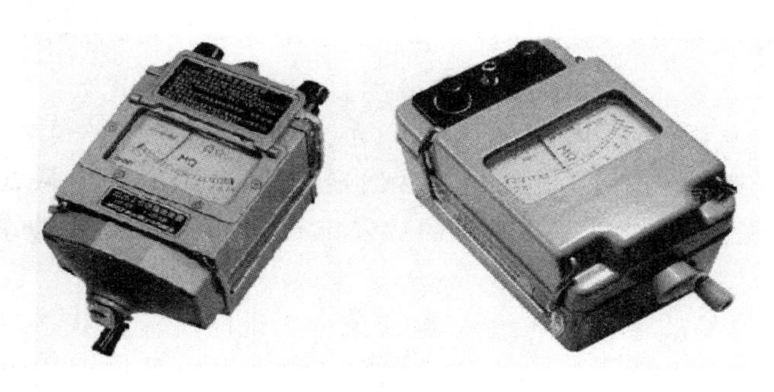

图 11-12　手摇式绝缘电阻表

电器产品的绝缘性能是评价其质量好坏的重要标志之一，它通过绝缘电阻的大小反映出来。

测定产品的绝缘电阻，通常是指带电部分与外露非带电金属部分（外壳）之间的绝缘电阻，按不同的产品，施加一直流高压，如 100 V、250 V、500 V、1 000 V 等，规定一个最低的绝缘电阻值。标准规定每 1 kV 电压，绝缘电阻不小于 1 MΩ。如果绝缘电阻值低，说明绝缘结构中可能存在某种隐患或受损，在使用时就可能对人身安全造成威胁。

绝缘电阻表又称兆欧表、摇表，主要由三部分组成：直流高压发生器，用以产生一直流高压；测量回路；显示部分。

测量绝缘电阻必须在测量端施加一直流高压，此高压值在绝缘电阻表国标中规定为 50 V、100 V、250 V、500 V、1 000 V、2 500 V、5 000 V 等。直流高压的产生一般有三种方法。第一种为手摇发电机式。目前我国生产的绝缘电阻表约 80% 是采用这种方法（摇表名称来源）。第二种是通过市电变压器升压，整流得到直流高压。第三种是利用晶体管振荡式或专用脉宽调制电路来产生直流高压，电池式绝缘电阻表即采用这种方法。

测量回路是由一个流比计表头来完成的，这个表头中有两个夹角为 60°的线圈，其中一个线圈并在电压两端，另一个线圈串在测量回路中。表头指针的偏转角度决定于两个线圈中的电流比，不同的偏转角度代表不同的阻值，测量阻值越小串在测量回路中的线圈电流就越大，那么指针偏转的角度越大。一般兆欧表表头的阻值显示需要跨几个数量级。在高阻值时的刻度全部挤在一起，无法分辨。随着技术的发展，数显式仪表将逐步取代指针式仪表。

选用绝缘电阻表时要注意其测量电压值，应按被测电气元件工作时的额定电压来选择仪表的电压等级。另外需考虑测量范围是否能满足需要。使用前，应先检查仪表和其引出线是否正常。将两条引出线短路，短暂摇动仪表或打开仪表电源开关进入测量状态，正常仪表的指针应偏转到 0 处或数字值为 0，再将两条引出线断开进行测量，示值应为∞。

绝缘电阻表共有 3 个接线端（L、E、G）。测量电动机等一般电器时，仪表的 L 端与被测元件(例如电动机绕组)相接,E端与机壳相接;测量电缆时,除上述规定外,还应将电缆的屏蔽层接至G端。使用手摇式兆欧表时,手摇的转速应在120 r/min左右,摇动到指示值稳定后读数。测量之后,用导体对被测元件(例如绕组)与机壳之间放电后再拆下引接线。直接拆线有可能被储存的电荷电击。摇动兆欧表时,不能用手接触表的接线柱和被测回路,以防被电击。

用绝缘电阻表实际测量实验室提供的2～3个绝缘体样本,分析可能影响测量值的因素。

(三)接地电阻测量仪的使用

接地在电力系统中使用非常普遍。所谓接地,就是将电力系统中某点或设备的某一部位经接地体与大地紧密连接起来。如变压器或发电机中性点的接地、防雷接地、防静电接地、屏蔽接地等。

接地体或带电导体的故障接地处,接地电流流入大地时呈流散状态,称其为流散电流,流散电流在大地中遇到的全部电阻称为流散电阻。接地电阻是接地体的流散电阻与接地线的电阻之和,接地线的电阻一般可忽略不计,因此可以认为流散电阻就是接地电阻。接地好的接地体流散电阻能达1～2 Ω,差的达几十至上百欧。其与接地体的大小、形状、埋藏深度、表土层厚度、土壤特性、气象条件等诸多因素有关。可用接地电阻测量仪来测量其值大小。常见的接地电阻测量仪如图11-13所示。

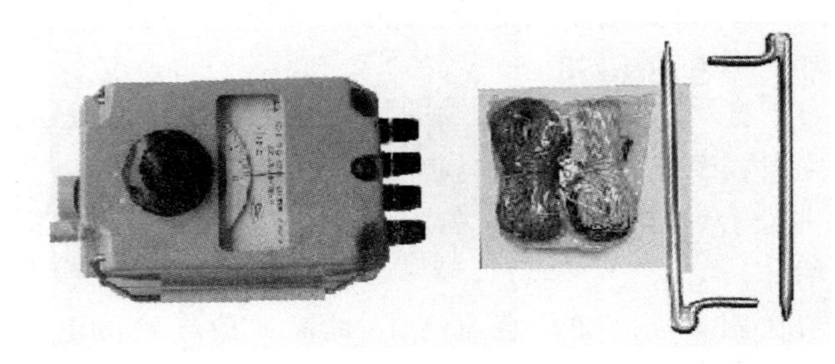

图11-13　接地电阻测量仪(地桩法)

以ZC-8型接地电阻表为例,其测量操作步骤如下:

(1)熟读接地电阻测量仪的使用说明书,全面了解仪器的结构、性能及使用方法。备齐测量时所需的工具及附件,特别是接地探针,要将其表面影响导电能力的污垢及锈渍清理干净。将接地干线与接地体的连接点或接地干线上所有接地支线的连接点断开,使接地体脱离任何连接关系成为独立体。

(2)将两个接地探针沿接地体某一辐射方向分别插入距接地体20 m、40 m的地下,插入深度为400 mm,如图11-14所示。

将接地电阻测量仪平放于接地体附近,按如下方法接线:① 用最短的专用导线将接地体与接地测量仪的接线端E(三端钮的测量仪)或与C_2、P_2短接后的公共端(四端钮的测量仪)相连。② 用最长的专用导线将距接地体40 m的测量探针(电流探针)与测量仪的接线钮C或C_1相连。③ 用长度居中的专用导线将距接地体20 m的测量探针(电位探针)与测量仪的接线端P或P_1相连。

(3)将测量仪表放置水平后,检查检流计的指针是否指向中心线,否则调节“零位调整

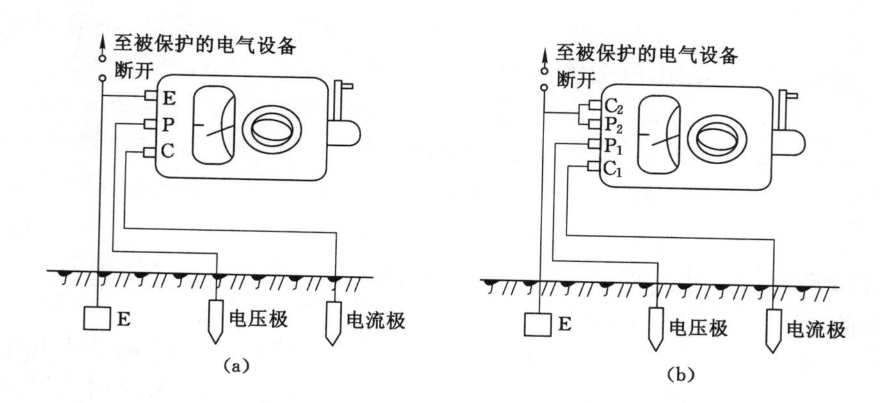

图 11-14　接地电阻测量连线示意图

(a) 三端钮测量仪;(b) 四端钮测量仪

钮"使指针对准中心线。将"倍率开关"置于最大倍率,逐渐加快摇动发电机转柄,使其达到 120 r/min。同时旋动"测量标度盘"使检流计指针指向中心线。如果刻度盘读数小于 1 不易读准确时,说明倍率标度倍数过大,应将"倍率开关"置于小一挡的倍率,重新调整"测量标度盘"使指针指向中心线上并读出准确读数,乘上倍率即为被测电阻值。

需准确测量接地电阻时最好反复在不同的方向测量 3～4 次,取其平均值。

本实验要求用接地电阻测量仪实地测量 1～2 个接地电阻,分析测量结果的可信程度,提出减小电阻值的技术途径。

(四) 学会交流电流表、电压表和功率因数表的接线方法

交流测量表如图 11-15 所示。

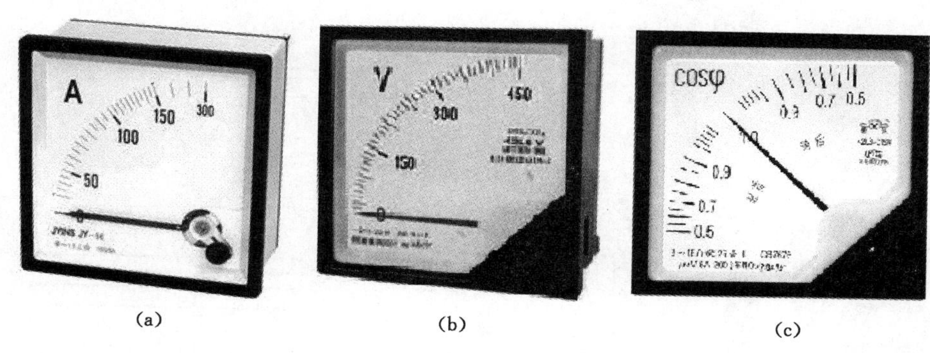

图 11-15　交流测量表

(a) 电流表;(b) 电压表;(c) 功率因数表

电流表,又叫安培表,用来测电路中电流的大小。电流表要串联在电路中使用。电流表本身内阻非常小,所以绝对不允许不通过任何用电器而直接把电流表接在电源两极之间,否则会使通过电流表的电流过大,烧毁电流表。

电压表,又叫伏特表,用来测量电路中交流电压的大小。电压表要并联在电路中使用,和用电器并联测量用电器两端电压。和电流表不同的是,电压表可以不通过任何用电器直接接在电源两极上,这时测量的是电源电压。

功率因数是交流电路中电压与电流之间的相位差(φ)的余弦，用符号 $\cos\varphi$ 表示。在数值上，功率因数是有功功率 P 和视在功率 S 的比值，即：$\cos\varphi=P/S$。

采用电动系电表测量机构的单相功率因数表可测量单相电路的功率因数，也可测量对称三相电路的功率因数。测量三相电路的功率因数时，功率因数表的 4 个接线桩中，B、C 两接线桩分别接电源的 B、C 相，I*、I 接电源的 A 相电流，I* 为电流的进线端，I 为电流的出线端。

(五) 单相电能表、三相四线有功电能表的正确接线

用来测量电路中消耗电能的仪表叫作电能表，俗称电度表、火表。

电能表是用来计量用电设备消耗电能的仪表，分为机械式电能表、电子式电能表和机电一体式的智能电能表。根据相数分为单相电能表和三相电能表。家庭用户基本是单相表，工业动力用户通常是三相表。

三相有功电能表分为三相四线制和三相三线制两种。三相四线制有功电能表的额定电压一般为 220 V，额定电流有 1.5～60 A 等数种，其中额定电流为 5 A 的可经电流互感器接入电路；三相三线制有功电能表的额定电压一般为 380 V。

单相电能表和三相电能表的接线方法如图 11-16 和图 11-17 所示，可在实验室进行接线训练。

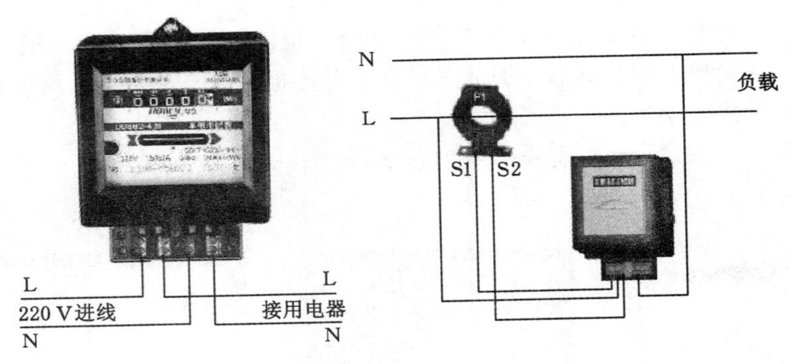

图 11-16 单相电能表及其接线

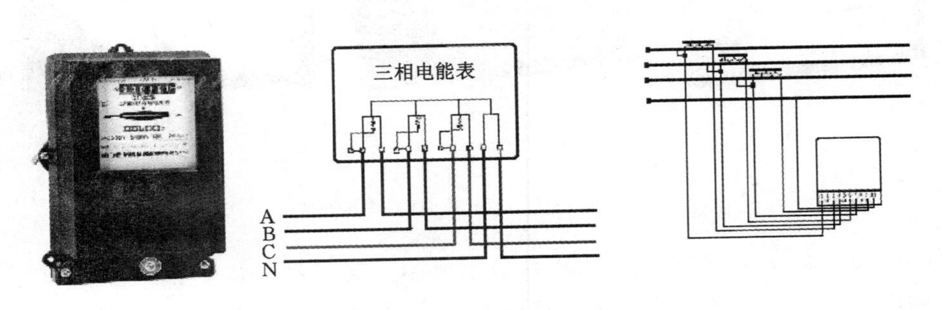

图 11-17 三相四线制有功电能表及其接线

四、实验报告要求

正确掌握各种测量仪表的使用和读数方法，根据实验内容(二)、(三)、(四)项的具体操作过程和要求撰写并提交实验报告。

实验3　电气事故模拟及预防

一、实验目的

通过实验，对使用各类电气设备尤其是使用电动机时可能遇到的事故进行模拟，使学生对事故发生的机理和预防措施有进一步认识，从而减少电气事故的发生。

二、实验仪器

(1) 信号照明综合保护演示装置、电动机综合保护实验装置。

(2) 小型电动机。

(3) 电压表、电流表、万用表等。

(4) 各类继电器、漏电保护器、开关、指示灯、电线电缆等。

三、实验内容

电气事故综合保护演示，演示内容见实验装置操作说明。

(一) 电气事故模拟1：电动机缺相启动与缺相运行

电动机在运行中可能会出现多种异常现象，如：通电启动不了，启动后达不到正常转速或力矩很小，冒烟、冒火，周期性波动，剧烈振动等。这些现象，有的属于机械故障，但更多的还是电气故障，在电气故障中，较常见的情况是缺相启动与缺相运行。

1. 电动机缺相启动

缺相启动即三相电压中的一相断开，变为单相(线电压)供电。由电动机缺相机械特性曲线可知，通电后电动机转矩为零，电动机发出嗡嗡声但不能启动，电流明显增大，该状态如持续下去可能因电流过大而烧毁电动机。因此，对重要的电动机，应进行缺相监视或缺相保护。实验时可人为制造缺相条件，并对因缺相不能启动的小型电动机，用外力辅助启动加以鉴别，以区别于其他故障导致的不能启动。

2. 电动机缺相运行

缺相运行，即启动时电源正常，运行过程中三相电压的一相因故障断开，变为单相(线电压)运行，在负载较轻时，电动机仍可维持运转，仅转速有所下降，力矩减小，不一定能及时发现，但电流明显增大，长时间运行也可能因电流过大而烧毁电动机。

实验室条件下可利用电动机综合保护实验装置、信号照明综合保护实验装置和电气装配实训台来模拟电动机缺相启动与缺相运行的实际状况，要注意实验时间的掌握，以免烧毁电动机。

(二) 电气事故模拟2：电动机两相一零运行及其危险性

两相一零运行是新安装或维修后重新接线时接线错误造成的，是对需要保护接零的电动机(TN系统)接线时混淆了零线和相线，因电动机的运转情况变化不大难以发现，从而增大触电的危险性。两相一零运行时电动机承受的是典型的三相不对称电压(图11-18)，根据该状况

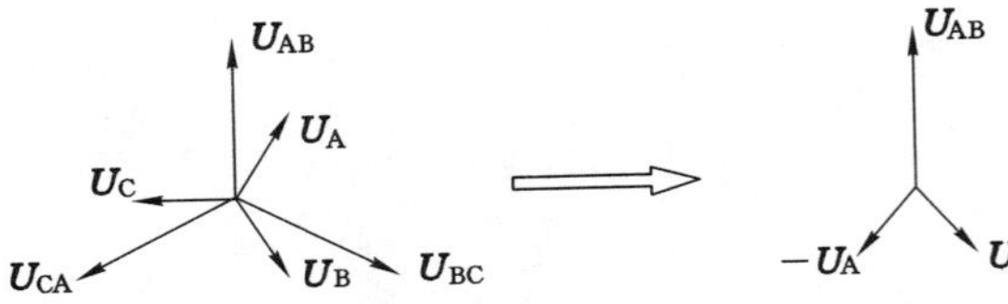

图 11-18　电动机两相一零运行向量图

下的电动机机械特性图，转速为零时仍有正转转矩，电动机可正向启动。

由于该状态是接线错误造成的，如不能及时发现，其最大危险是使电动机外壳带电而造成触电事故，实验时可在已知情况下测量电动机外壳对地电压以加深对该事故危害性的认识，但必须注意安全。

两相一零运行属于不对称运行，其转矩只有正常值的 4/9。除上述危险外还会加重电网不平衡，尤其是大型电动机。

（三）电气事故模拟 3：漏电保护及运行故障处理

漏电保护是低压用户防止人身电击事故和防止火灾的一种安全技术措施。作为基本保护措施以外的补充保护，在工业和民用建筑中得到广泛应用。

漏电保护装置按其动作分为电压型、电流型、脉冲型等类型，目前占主导地位的是电流型漏电保护装置，也称为触电保安器或漏电开关（RCD），分单相和三相两大类。漏电保护器及其工作原理如图 11-19 所示。

漏电开关由三个基本环节和两个辅助环节组成。三个基本环节为：

（1）漏电检测环节（零序电流互感器），用于检测一次线圈的电流差。二次线圈的输出信号正比于一次线圈的电流差，而与电流大小无关。

（2）信号处理环节，其作用是将零序电流互感器中二次线圈的输出信号进行整流放大，使得当一次线圈的电流差接近额定动作电流时，其输出电流在脱扣器线圈中所产生的磁力足以吸动脱扣器工作。

（3）断电执行机构，为受脱扣器控制的自动开关。

两个辅助环节分别为：一是为中间环节提供电源的电路，一般为简单的阻容分压电路，因用电量很小且绝缘良好，所以无须复杂的电源电路。二是试验装置，由一个 10 kΩ 左右的电阻加一个小按钮开关组成。

漏电开关按中间环节分类可分为电磁式和电子式。电磁式不需电源，动作可靠但灵敏度低，电子式则相反。也可按结构特征分为一体型和组合型（漏电开关兼断路器）。

使用漏电开关应特别注意：当极数（带开关的线路数）少于线数（接线端子对数）时，中性线或零线（N）务必接不带开关的那一路，否则极不安全。因为一是零线不得接开关，二是如果触电者接触的是不经开关的那一路相线，尽管漏电开关已动作但触电依旧，不能起到保护作用。

另外，由其工作原理可知，漏电开关仅对单相对地触电有效。

漏电开关的主要技术参数有：

（1）额定漏电动作电流（$I_{\Delta n}$）。大于该值时不动作或很大时才动作称之为拒动作，说明产品的可靠性差。

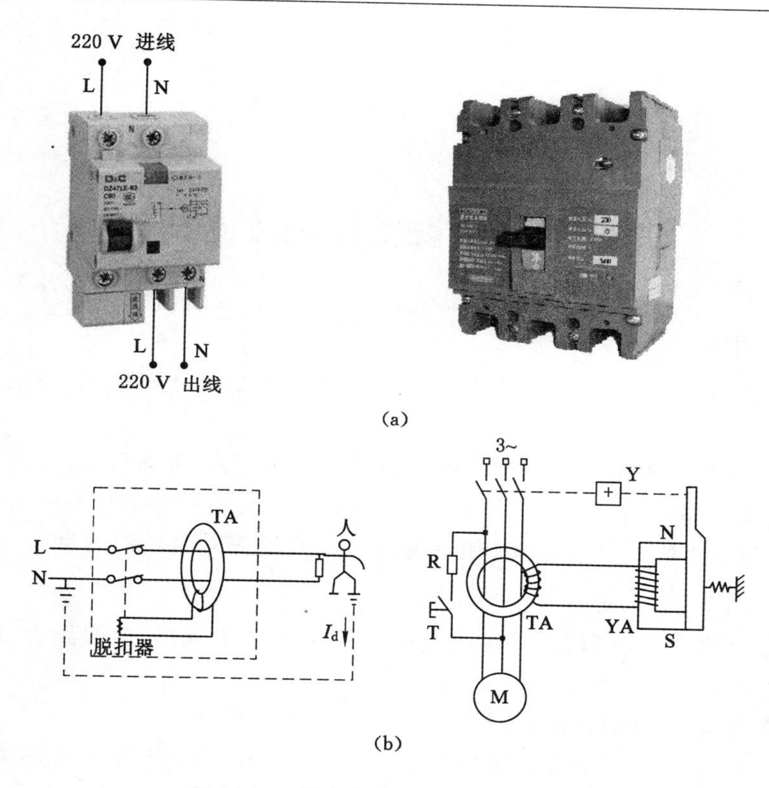

图 11-19　漏电保护器及其工作原理

(2) 额定漏电不动作电流($I_{\Delta n_0}$)。为防止误动作而设置的指标,其值不小于额定漏电动作电流的一半。小于该值时的动作称之为误动作。

(3) 漏电动作分断时间 ($t_{\Delta n}$)。分快速型、延时型和反时限型三种。快速型用于人身触电保护,大多为中高灵敏度的,要求动作电流和动作时间的乘积不超过 30 mA · s;延时型主要用于分级保护,适当延时可减少误动作;反时限型的特点是通过电路设计,使得漏电电流越大,动作时间就越短,既可以减少误动作,又能保证人身的安全。

其他电气参数还有频率、电压、额定工作电流(I_n)、开关分断能力等。

漏电开关安装使用要求:

(1) 安装前检查线路的正常泄漏电流(用钳式泄漏电流互感器),以决定选择合适的电流灵敏度,通常为泄漏电流两倍以上。

(2) 保留原先的安全防护装置,不能用漏电开关取代其他安全装置。

(3) 进、出线不能接反。

(4) 当线数大于极数时,不进开关的必须是中性线或零线。

(5) 试验后投入使用,带负荷用试验按钮分合三次以确保动作可靠。

(6) 定期检查维护,避免和减少拒动作。发生跳闸后要查明原因再送电。

四、实验报告要求

根据实验内容及记录提交实验报告。

实验 4　电气设备控制及安全保护

一、实验目的

除前述的缺相保护与漏电保护外，完善的电气设备保护还有欠压、过流、过热、短路等保护电路及设备。

通过自行设计各种电动机运行的控制与保护电路实验，由简到繁，逐步熟悉各种低压电气设备在电路中的作用，对在使用各类电气设备尤其是使用电动机时可能遇到的事故进行模拟，对事故发生的机理和预防措施有进一步认识，以减少各种电气事故的发生。

二、实验仪器

（1）电动机综合保护实验装置、电气防隔爆示教装置、信号照明综合保护实验装置、YL-210 型电气装配实训台。

（2）小型电动机、交流调压器、万用表、指示灯、接线排等。

（3）交流接触器、电动机综合保护器、时间继电器、中间继电器、按钮开关、低压熔断器及各色电线等。

三、实验内容

（1）利用信号照明综合保护实验装置、电动机综合保护实验装置，模拟照明线路与电动机常见故障的现象、原因及防护办法，如欠压保护、过压保护、漏电保护、漏电闭锁、缺相保护、匝接短路保护等；利用电气防隔爆示教装置了解并掌握电气防隔爆的基本原理。

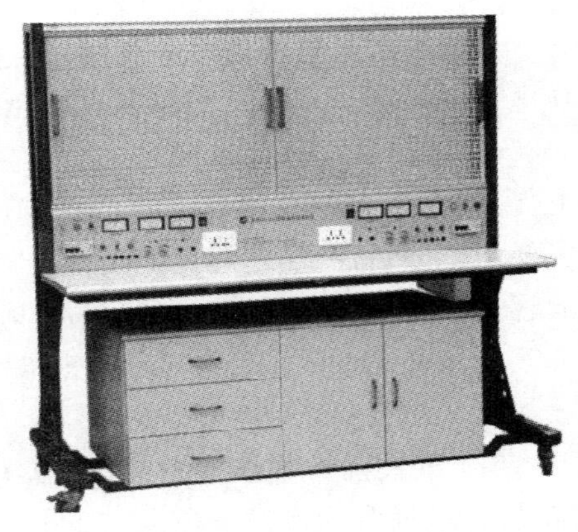

图 11-20　电气装配实训台

利用如图 11-20 所示的电气装配实训台，实验时可将各种元件、器件和部件方便地安装在网孔板上，以完成实验要求。实训台由钢板制作的多功能安装板（网孔板）和电源装置等组成，可完成多种电工电气类实验项目。

（2）用实验中心提供的电动机综合保护器、小型电动机、各类继电器、开关、电线、指示灯等，参考图 11-8 完成电动机综合保护电路的接线、调试和事故模拟。

（3）有兴趣的同学可用实验中心提供的小型电动机、各类继电器等，由浅入深逐步熟悉如图 11-21～图 11-23 所示几个控制和保护电路的接线图，也可自行设计或者按电气装配实训台实验指导手册上提供的电路图进行接线、安装并运行，进一步理解和掌握各类控制和保护器件在电路中的作用。

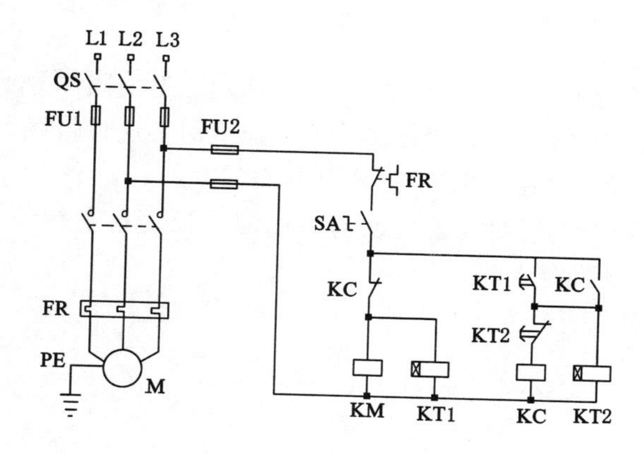

图 11-21　电动机间歇运行电路图

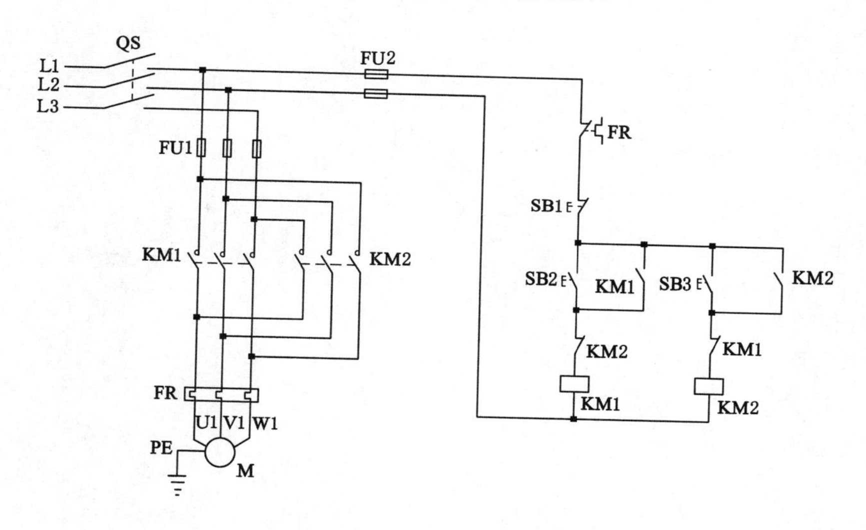

图 11-22　电动机正反转运行电路图

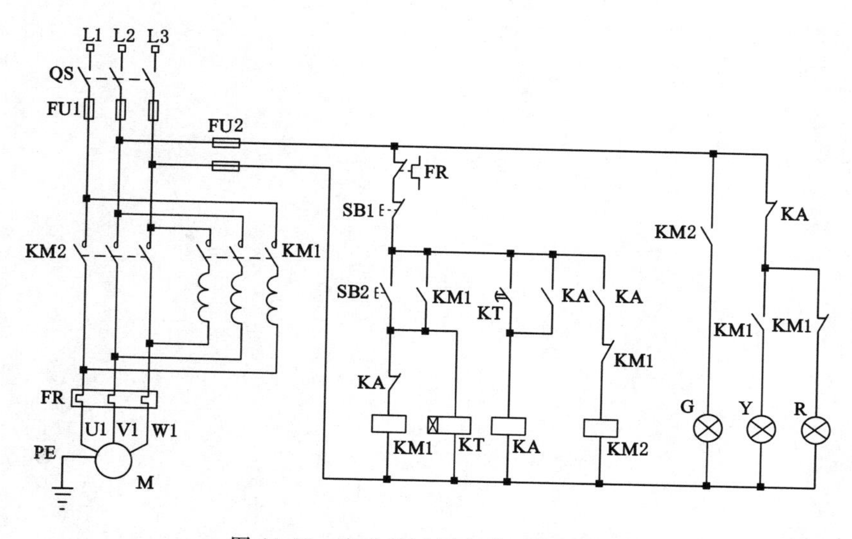

图 11-23　电动机减压启动运行电路图

四、实验要求

(1) 电气安全实验每组 4～5 人,每组独立进行实验,组内同学分工明确。

(2) 实验前认真阅读说明书,并清楚实验电路原理后再进行接线,送电后各器件的接线端子都有可能带电,实验中务必注意安全,不得带电接线。

(3) 实验中按要求操作,各种需通电实验的电路应反复核查接线是否正确或在实验指导教师确认后再通电,以防造成事故。

(4) 提交实验报告。

实验十二　钢丝绳无损探伤检测实验

一、实验背景知识

钢丝绳是将力学性能和几何尺寸符合要求的钢丝按照一定的规则捻制在一起的螺旋状钢丝束，由钢丝、绳芯及润滑脂组成。钢丝绳是先由多层钢丝捻成股，再以绳芯为中心，由一定数量股捻绕成螺旋状的绳，在物料搬运机械中，供提升、牵引、拉紧和承载之用。钢丝绳的强度高，自重轻，工作平稳，不易骤然整根折断，工作可靠。

由于钢丝绳性能独特，迄今为止国内外还未找到一种更理想的产品来全面或在一个领域内替代钢丝绳，因而，钢丝绳在冶金、矿山、石油天然气钻采、机械、化工、航空航天等领域成为必不可少的部件或材料，其质量也被国内多个行业所关注，并投入大量人力、物力进行钢丝绳使用研究和产品开发工作，对钢丝绳的结构选择、日常使用、维护保养、更换报废等各个环节制定了很多规程和细则。《煤矿安全规程》、《起重机械安全规程》、《桥式起重机安全技术检验细则》等都对钢丝绳结构选择、日常使用、维护保养、更换报废等方面作出切实可行的规定。煤炭等行业把对钢丝绳的检查纳为日常必要的安全生产检查管理内容。《煤矿重要用途钢丝绳验收技术条件》(MT 716—2005)和《煤矿重要用途在用钢丝绳性能测定方法及判定规则》(MT 717—1997)是煤矿正确合理使用钢丝绳和维护钢丝绳提升安全的依据。

但是，随着使用时间的持续，钢丝绳将会出现各种损伤现象。例如，由于钢丝磨损和锈蚀引起钢丝截面积的减小；由于疲劳、表面硬化、锈蚀引起钢丝内部性能的变化；使用不妥引起绳的变形；在役钢丝绳还可能出现单线断裂、腐蚀、磨损、乱线等损伤。各种损伤都将会造成钢丝绳的故障。由于钢丝绳使用的重要性和钢丝绳的结构性能特点，当钢丝绳中一处出现严重缺陷后，整根钢丝绳将被报废，因此，钢丝绳一旦出现故障将是不可修复的。同时，由于钢丝绳损坏导致的重特大事故也时有发生。因此，掌握钢丝绳的探伤检测技术和方法是十分必要的。

二、实验目的

(1) 了解钢丝绳损伤的形式及影响其强度的参数。

(2) 熟悉钢丝绳探伤仪工作原理，学会对钢丝绳磨损、断丝、疲劳、锈蚀等综合损伤的测试方法。

(3) 熟悉并掌握GTS型钢丝绳无损探伤仪的操作和使用，并会对钢丝绳损伤情况进行测试、判断。

三、实验仪器设备

(1) GTS型钢丝绳无损探伤仪。

GTS型钢丝绳无损探伤仪是采用最新钢丝绳无损检测技术，集合了国内外先进的探伤技术与现代计算机、数字处理技术、网络技术的一种便携式智能钢丝绳电磁无损检测仪器。该仪器严格执行《铁磁性钢丝绳电磁检测方法》(GB/T 21837—2008)、《钢丝绳(缆)在线无损定量检测方法和判定规则》(MT/T 970—2005)及美国《铁磁性钢丝绳电磁检测方法》(ASTM E1571—2001)标准,广泛应用在矿山、索道、起重设备、电梯、港口机械、缆索桥等领域。

其技术指标如下:

① 检测钢丝绳直径范围:1.5～300 mm(需配置不同系列规格传感器)。

② 传感器与钢丝绳相对速度:0.0～12.0 m/s,最佳:1.0 m/s。

③ 断丝缺陷(LF)检测能力:

定性:单位集中断丝定性检测准确率 99.99%。

定量:单处集中断丝根数允许有一根或一当量根误判,单处集中断丝根数无误差定量检测 100 次以上准确率≥95%。

④ 金属截面积变化(LMA)检测的定量变化检测能力:

检测灵敏度重复性允许误差:±0.05%。

检测精度示值允许误差:±0.2%。

⑤ 位置(L)检测能力:检测长度示值百分比误差为±0.3%。

⑥ 电源:电池 5 V 供电。

⑦ 环境温度:－10～40 ℃。大气压力:86～106 kPa。相对湿度:≤85%。

(2) 钢丝绳检测综合实验台(自制)。

为了更好地开展本实验,中国矿业大学安全工程实验中心根据相关钢丝绳检测标准和规范,自行设计制造了实验用钢丝绳检测综合实验台,其实体如图 12-1 所示。

图 12-1　钢丝绳检测综合实验台

(3) 专用钢丝绳多根(ϕ36,6×19),长 5 m/根,待检。

(4) 输出显示及打印设备。

四、实验准备

(1) 将被测钢丝绳固定安装在综合实验台上,要保证钢丝绳有一定张力,不下垂。

(2) 认真阅读本实验指导内容,按说明要求进行仔细操作。

(3) 检测实验用 GTS 型钢丝绳无损探伤仪的各项性能指标,并对其进行初始调整。

(4) 安装探伤仪,调整测试参数,准备开展测试。

五、实验操作及实验方法

（一）硬件连接

1. 传感器介绍

GTS传感器由位移定位器（导轮、编码器）、磁化装置及采样机构组成，当系统启动后，钢丝绳和其产生相对运动时，即可采集信号。

(1) 位移定位器：导轮每运行一圈，光电编码器发出采样指令脉冲，实现等空间采样。

(2) 磁化装置：钢丝绳和其产生相对运动时，完成对钢丝绳的轴向磁化。

(3) 采样机构：钢丝绳和传感器产生相对运动时，由霍尔元件组成的采样通道将钢丝绳的漏磁场变化状况转变为模拟电压信号。

2. GTS实时报警器

GTS实时报警器是一个便携式多功能数据采集器，通过RS232传输线将转换的数据信号传输并存储到计算机中，同时利用计算机CPU的强大功能在线实时处理分析，根据预先设置的当量阈值发出实时报警信号。其内有一组给GTS传感器供电的锂电池组，输出为5 V。另有充电口可供充电和电源开关。

（二）整体连接

检测实验的整体连接方式如图12-2所示。

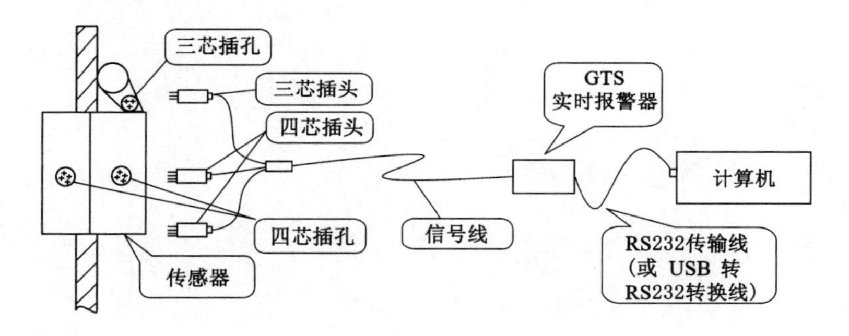

图12-2　信号采集接线图

(1) 将传感器安置于需检测的钢丝绳上。

(2) 将信号线的三芯插头插入传感器编码器的三芯插孔中，将四芯插头插入传感器上、下体的四芯插孔中（上、下插头不区分），并拧紧，以防检测过程中脱落。

(3) 将信号线的另一端头与GTS实时报警器（电源配置器）连接，再用RS232传输线（或USB转RS232转换线）与计算机连接上。

(4) 系统连接好，打开电源开关，启动计算机，即可开始工作。

（三）传感器的安装

1. 传感器安装位置的选择

应将传感器安装在钢丝绳摆动最小的位置。安装要具有一定的柔性，采用悬浮式固定，以避免钢丝绳在探头中晃动。只有通过传感器部分的钢丝绳才能被检测到，因此，当检测存在死区时，应选择多点检测。检测时应远离热源、磁源等。

检测位置可以选择在钢丝绳检修处。需要注意的是，检测位置要留有一定的操作空间，以保证人员和设备的安全。检测位置一定的情况下，检测仪器的稳定性主要由检测人员来实现。架空检测时，检测人员必须系上安全带，并对检测仪器采用必要的软连接（如采用尼龙绳、安全带等）。由操作者手扶时，受测钢丝绳移动速度应以不大于1.5 m/s为佳（建议检测速度不可超过2 m/s）。

2. 检测位置的标记

检测中应做好检测所需的标记，做到完全检测，如检测起始标记、区域段标记等。

3. 传感器安装的方法

安装采用静态安装法，即在未开机的状态下，将传感器安装在检测方案确定的检测起始标记处。

（四）软件操作

在打开软件之前，请确保传感器与实时报警器及电脑之间连接正确。

双击桌面上的快捷方式“钢丝绳无损探伤采集分析系统.exe”或者“开始”菜单中的快捷方式，打开软件。系统主界面如图12-3所示。

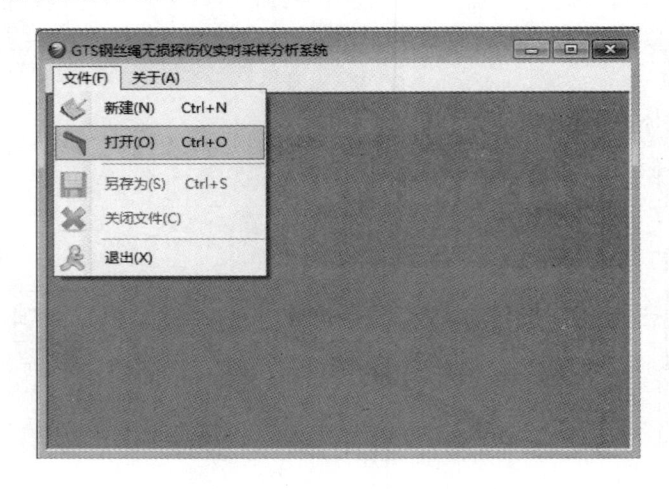

图12-3 检测系统主界面

打开软件后，菜单栏中有“文件”和“关于”一级菜单。

(1) 在“文件”菜单下只有“新建”、“打开”和“退出”三个二级菜单项是可用的，其他菜单项不可用，如图12-3所示。

① 新建：建立一个新的测试文件，测试文件的后缀为“*.GTS2”。

② 打开：打开存在的测试文件。

③ 另存为：将打开的测试文件以另一个文件名存储。打开了一个测试文件之后，这个菜单按钮才可以使用，作用是将当前的测试文件存储为别的名字。

④ 关闭文件：关闭当前打开的测试文件。

⑤ 退出：退出软件。

(2)“关于”菜单，如图12-4所示，在“关于”菜单下有五项子菜单：

① 基本设置：设置显示波形时的基本参数。

② 修改报告模板：打开报告模板，进行必要的修改，可以修改检验机构名称、地址、电

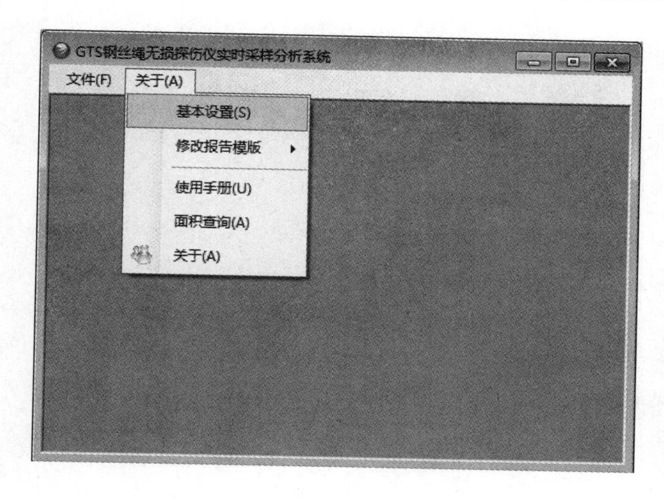

图 12-4　检测系统的“关于”菜单

话，修改检验时使用的仪器等信息。注意不能修改模版中的表格结构（不能添加、删除、修改表格）。

③ 使用手册：打开使用手册。

④ 面积查询：打开面积查询（电脑里必须安装 PDF 阅读器）。

⑤ 关于：打开后显示软件的版本号及其他相关信息。

通过“文件”一级菜单下的“新建”、“打开”二级菜单可以新建或者打开一个测试文件，图 12-5 所示为新建一个名为“示例. GTS2”的测试文件的界面（或者为打开一个名为“示例. GTS2”的测试文件后的界面）。

图 12-5　“示例. GTS2”的测试文件界面

工具栏中有 4 个按钮：，依次的作用为数据采样、数据分析、关闭文件、退出。

1. 数据采样

点击“ ”按钮，打开数据采样界面，如图 12-6 所示。

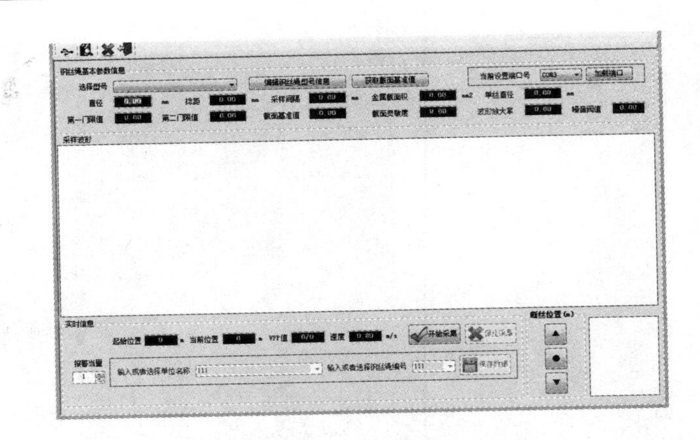

图 12-6　数据采样界面

采样界面包括钢丝绳基本参数信息、端口设置、采样波形、实时信息、断丝位置、功能按键六个部分。

(1) 钢丝绳信息。用于填写钢丝绳的相关信息。钢丝绳的相关信息可以自行填写，亦可在钢丝绳型号下拉框中选取相应的型号，该下拉框中记录了通过参数设置录入的所有型号钢丝绳的相关信息，直接选择钢丝绳型号，被记录的相关参数会自动填入下面的各个项中，若实际参数有些许差异，只需修改相应数据即可。

(2) 端口设置。端口设置在界面的右上角，每次打开界面后会显示上次使用的端口号，如果上次使用的端口号不存在了会提示“串口号有变动请重新设置”，此时在下拉列表中选择端口号。

(3) 采样波形。下方空白窗口是采样实时显示信号窗口，采样时所有信号数据会连续地显示在该窗口。

(4) 实时信息。记录钢丝绳的起始位置、当前位置、VPP 值及报警当量根数数据。起始位置是采样时显示窗口最前端的起始位置，即在此屏之前所检测的长度，单位为 m；VPP 值是采样时根据选择的参数对局部缺陷(如断丝)的自动报警时，该处局部缺陷(如断丝)转换的电信号值；当前位置是采样波形显示点的位置，即所有此次检测的总长度，单位为 m；报警当量根数是系统此次检测时对局部缺陷(如断丝)需要发出警报的一个阈值，系统默认的设置为 1 根，可根据需要自行修改，当系统检测并判别该处缺陷程度量化达到此设定值时，在断丝位置窗口记录该处距检测起始点的位移长度。

(5) 断丝位置。所有检测时系统自动对局部缺陷(如断丝)进行判别并报警的位置记录。▲作用是增大断丝位置列表的大小，同时显示更多的断丝位置信息；●作用是恢复列表的大小；▼作用是减小断丝位置列表的大小。

(6) 功能键。主要包括编辑钢丝绳型号信息、获取截面基准值、开始采集、停止采集、保存数据。

“编辑钢丝绳型号信息”是打开钢丝绳型号信息的编辑界面。

在数据采样界面中点击“编辑钢丝绳型号信息”，打开钢丝绳参数信息编辑界面如图 12-7 所示。钢丝绳参数信息编辑主要记录保存和修改各型号钢丝绳的参数，以方便采集时直接选取或略作修改即可使用，不需要每次测试时都重新查询输入。

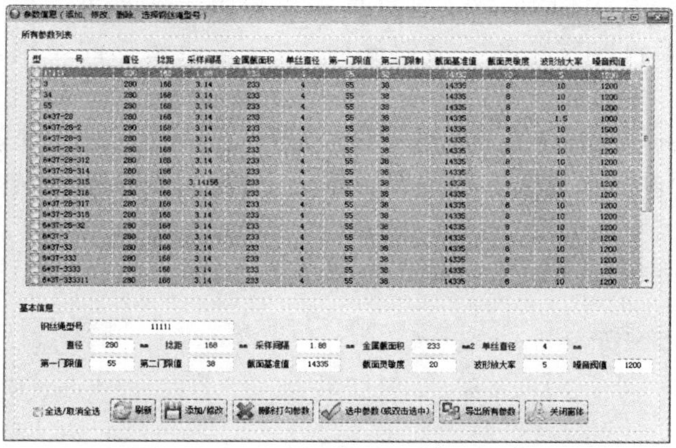

图 12-7　钢丝绳参数信息编辑界面

参数项中的每个小项均有着不同的意义，下面逐项予以介绍：

① 钢丝绳型号是本软件设置并存储参数的名称与信息，按不同受测钢丝绳选定，设定时根据钢丝绳的规格信息进行命名，以方便查找和识别。

② 直径是被测钢丝绳的公称直径，单位为 mm。

③ 捻距是指捻股或合绳时，钢丝围绕股芯或绳股围绕绳芯旋转一周(360°)的起止点间的直线距离，单位为 mm。该参数是软件自动扫描和累计捻距内的断丝数总和的依据。当钢丝绳的报废标准不是以捻距内断丝数计算时，则可按要求输入规定的长度。

④ 采样间隔是位置测量装置的导轮在钢丝绳上滚动时，光电编码器发出采样脉冲的距离间隔，单位为 mm。它的间隔大小由滚轮的直径和光电编码器的分辨力决定。在每台位置测量装置上均打印上了该装置的采样间隔大小，参数设置时可对照进行。

⑤ 金属截面积是指被测钢丝绳未磨损时的钢丝绳金属截面积，单位为 mm^2，在钢丝绳的使用手册中可以查到，或者根据钢丝绳的结构计算获得。必须注意，直径相同而结构形式不同的钢丝绳，其金属截面积是不同的。因此，相同直径不同结构的钢丝绳需要建立两组不同的参数。金属截面积的大小是计算金属截面积变化的依据，必须正确输入。

⑥ 第一门限值是获取局部缺陷(如断丝)引起的异常信号时定性设置的阈值，是软件对检测信号数据的自动扫描的参数，由仪器对每种钢丝绳的标定来确定。

⑦ 第二门限值是判定局部缺陷的程度(如断丝根数)时定量设置的阈值，软件将根据该值对所确认的缺陷进行计算，由仪器对每种钢丝绳的标定来确定。

⑧ 波形放大率是在局部缺陷评估时，用于缩小或放大检测信号波形的幅度比例，其值是实数值，可任意输入，主要以使用者合适为宜，一般设为 3～10。其值越大，显示的信号波形幅度越大，反之越小。不同规格的钢丝绳检测时，可调整此值使屏幕显示的波形清晰明了。

⑨ 截面基准值是新钢丝绳检测时，软件测量得到的 LMAO 值，也即金属截面积为新钢丝绳时对应的 LMAO 值，主要是计算金属截面积变化时的参照标准值。该值的确定在参数标定中叙述。

⑩ 截面灵敏度是传感器的性能参数，是单位平方毫米的金属截面积对应检测信号值的变化量，不同规格和结构的传感器有一定的差异，一般由商家提供。

⑪ 单丝直径是所测钢丝绳的一根钢丝的直径，一般选择的是钢丝绳的外层粗丝的直径。

⑫ 噪音阈值是采样时出现的干扰脉冲信号，该值是剔除这种干扰信号的设定值，当相邻的三个数字组成的波形超出该值，确定为干扰，计算机自动剔除，一般设置在 100～1 000 之间，主要依据使用当中的干扰信号的量值确定。

“获取截面基准值”是打开获取截面基准值界面，如图 12-8 所示。

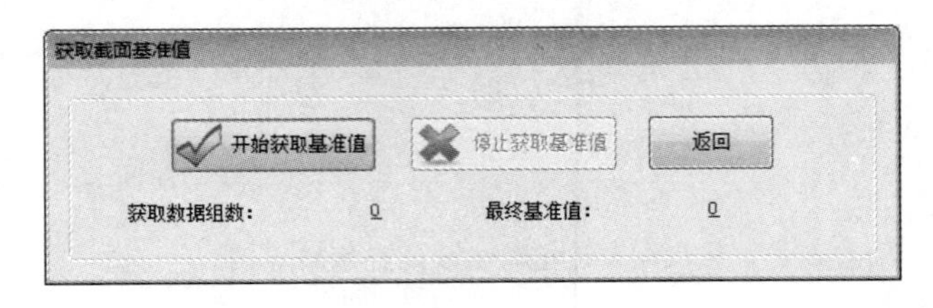

图 12-8　获取截面基准值界面

获取截面基准值时要使用新钢丝绳，点击“开始获取基准值”开始数据采样，采样的数据组数及采样的基准值显示下发，点击“停止获取基准值”停止数据采样，采集结束后将最终的基准值输入截面基准值文本框中即可。

“开始采集”是检测操作时发出采样开始指令键，点击按钮将开始采集数据。

“停止采集”是检测操作时发出采样停止指令键，点击该按钮后将停止采集数据。同一时刻“开始采集”和“停止采集”按钮只能有一个起作用。

“保存数据”对检测的数据进行保存。只有点击了“停止采集”后，该按钮才能起作用，输入单位名称和钢丝绳的编号来保存数据。

2. 数据分析

点击工具栏部分的“ ”按钮，可以打开数据分析窗体，如图 12-9 所示。数据分析界面包括钢丝绳基本参数信息、断丝分析、磨损分析及功能菜单。

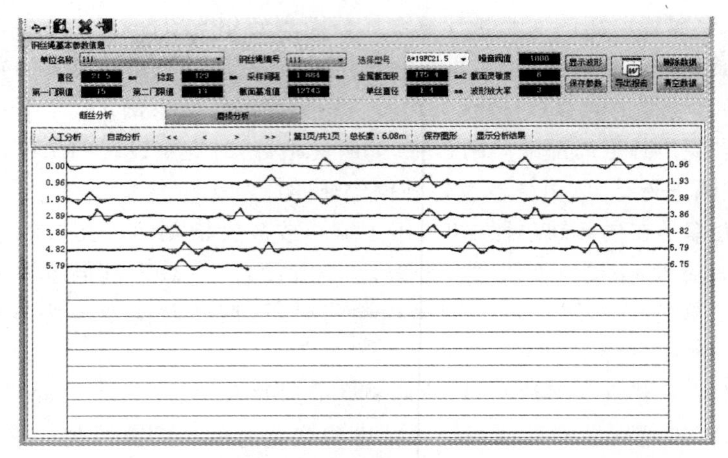

图 12-9　数据分析界面

在钢丝绳基本参数信息框中显示了单位名称、钢丝绳编号、选择型号等相关参数及功能按钮，断丝分析框中可以显示断丝分析时的波形及断丝点，磨损分析框中显示了磨损分析的波形及磨损值。

（1）查询断丝及磨损数据

要查询断丝及磨损的具体数据，请按照下述步骤进行：选择单位名称及钢丝绳编号，选择后该钢丝绳的参数信息将会显示在对应的文本框中；可以对参数进行修改，修改后点击“保存参数”按钮来保存修改的参数。

① 点击“显示波形”按钮，将会显示出断丝波形，然后会跳出输入框，如图 12-10 所示。

图 12-10　输入数据界面

输入磨损报警阈值，输入之后，按“确定”键将会显示磨损波形。如图 12-9 所示，断丝波形的两边显示的数字为位置信息，磨损波形的左边数字为位置信息，右边数字为磨损值。

② 在断丝分析或者磨损分析框中，点击“显示分析结果”按钮，将会显示断丝和磨损的分析结果及原始测试数据，如图 12-11 所示。

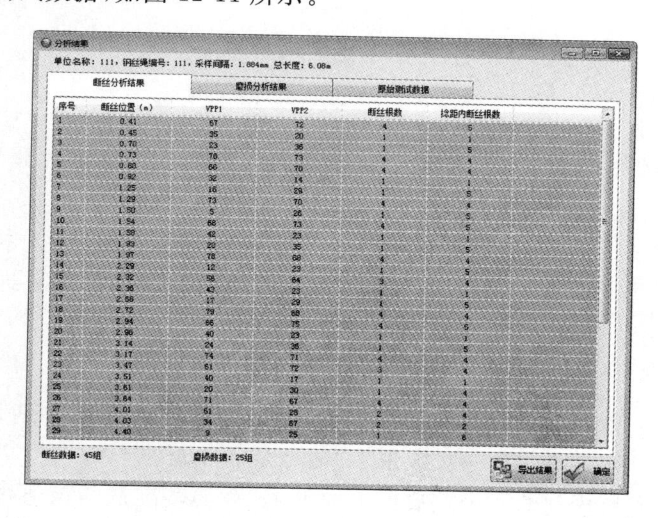

图 12-11　分析结果界面

显示的数据可以导出到 Excel 中。选中断丝、磨损分析结果或者原始测试数据，点击“导出结果”按钮导出对应的数据到 Excel 中。

（2）断丝分析

断丝分析分为自动分析和人工分析。

系统进行自动分析的情况包括以下三种：

① 钢丝绳测试完毕后，如果是第一次在数据分析界面中打开，在显示波形后将会进行一次自动分析，分析的结果会自动保存。

② 钢丝绳的参数修改后，点击“保存参数”按钮，参数保存后，会提示“是否重新进行自动分析”，如果选择“是”，会进行一次自动分析，分析的结果自动保存。

③ 点击“自动分析”按钮，确认后将会进行一次自动分析，分析的结果会自动保存。

每次自动分析都对所有测试数据分析一遍，分析完之后将显示当前页的波形及疑似断丝信号。可以点击导航按钮 << < > >> ，查看其他页的数据，这四个按钮的作用分别是“显示第一页波形”、“显示上一页波形”、“显示下一页波形”、“显示最后一页波形”。

如果对分析的结果不满意，可以点击“人工分析”按钮进行人工分析，由有经验的操作人员对每一处标注点进行确认或予以剔除，并可以从检测波形上判断钢丝绳的松股、跳丝、变形等其他缺陷。具体的缺陷特征与评估的详细知识可参见本实验后面内容。

进行人工分析时，将依次对每个疑似断丝点进行判断，跳出如图 12-12 所示的提示框，界面中显示当前点位置、当前进度及当前 VPP 值。

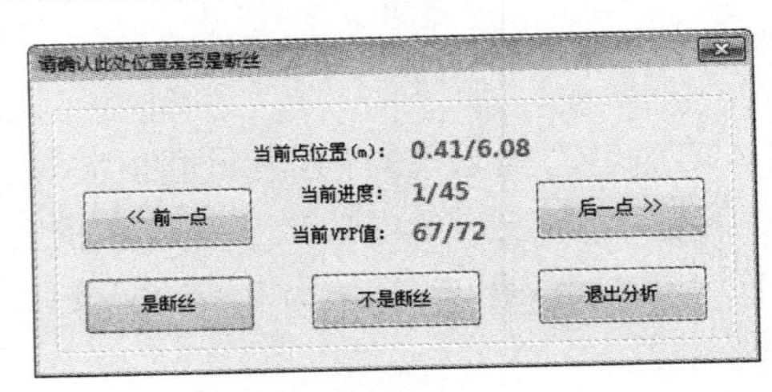

图 12-12　确认是否断丝界面

（3）磨损分析

在数据分析界面中选中了单位名称及钢丝绳编号后，点击“显示波形”，会跳出输入框，如图 12-10 所示。

在空格中输入一个正数，该值可根据各个行业标准所规定的限值，也可以根据需要自行设定一个界限值，程序将依据该值对金属截面积缩小（如磨损）的结果进行标示。当结果超过该值时，界面右边磨损百分比将变成红色。

磨损波形显示完毕后，磨损也就分析完毕。在磨损分析界面，可以点击导航按钮 << < > >> ，查看其他页的数据，这四个按钮的作用分别是“显示第一页波形”、“显示上一页波形”、“显示下一页波形”、“显示最后一页波形”。

在磨损分析中需要用到的一个重要的参数就是“截面基准值”，该值可以通过采样界面的“获取基准值”按钮进行获取。如果在数据采样时该值没有正确地获取，可以通过点击“显示分析结果”按钮在显示出的原始测试数据中的信号的平均值来获取。

六、参数的设置和标定

正确地使用钢丝绳无损探伤仪，首先需了解检测参数的意义及如何设置参数。GTS 无损探伤仪在完成对被检测对象信号采样后，计算机中的缺陷分析软件就根据设置的参数为计算依据，对采样数据进行分析、处理。如果参数设置不合理，就会造成钢丝绳缺陷定量判断误差，影响钢丝绳的缺陷检测精度。

使用 GTS 钢丝绳无损探伤仪，需设置的参数一共有 11 个，其中序号、直径、金属截面积、捻距、采样间隔、波形放大率、截面灵敏度均可通过查表、计算以及商家提供的技术数据中得到。最关键的是第一门限、第二门限和截面基准值的设置。

（一）序号的设置

该序号栏主要是用于不同参数的命名，以便于记忆和查找。一般建议命名方式以钢丝绳的型号规格和直径来设置，另外还可以在此基础上增加一些特殊符号，但不可整个名字重复。如对一根直径为 20 mm，规格为 6×19S+FC 的钢丝绳的参数，命名为 6×19S+FC—20（可以在后面加任何特殊符号）。

（二）直径和金属截面积的设置

若检测某根钢丝绳缺陷，不仅要知道钢丝绳的直径，而且要了解钢丝绳的结构。由于要适应不同行业的需求，钢丝绳的结构变化繁多，即使钢丝绳的直径相同，其金属截面积也不尽相同。例如：直径同为 25 mm 的钢丝绳，6×36WS+IWRC 钢丝绳的金属截面积为 319 mm^2，6×25Fi+IWRC 的金属截面积为 311 mm^2，面积相差率达 2.5%之多。而且钢丝绳还有钢丝绳芯和纤维绳芯之分。因此，在设置金属截面积参数时要力求正确。此参数可通过查表或实际计算获得。

（三）捻距的设置

钢丝绳捻距的定义是钢丝绳的股绕绳芯一周的直线距离。在 GTS 钢丝绳无损探伤仪中作了延伸发展，为在相关长度内钢丝绳各处断丝数的总数，这个相关长度如何设置，各个行业不尽相同，具体要看执行什么标准。例如：上海建工检测起重机时，设置的相关长度为 $6d$（其中 d 为钢丝绳直径）。

（四）采样间隔的设置

GTS 钢丝绳无损探伤仪的信号采用等空间采样。该参数的设置是根据传感器上的距离定位器的导轮每转一周，计算机采样 100 次，即导轮周长的百分之一为设备的采样间隔。那么，可以用下式表示：

$$采样间隔(mm)=导轮周长(mm)\div 100$$

（五）有关断丝参数标定

检测软件对断丝的判别按下述过程进行：首先，在几百米的检测信号中寻找局部异常信号（通常由断丝产生）；在找到断口产生的信号后，对该位置到底断几根丝再通过软件计算得到，从而获得断丝的位置和断丝的根数，对钢丝绳断丝位置的确定精确到一个股间距，沿绳的轴向一个股间距外的不同断丝将判别为不同的断丝位置，即断丝的位置分辨力为一个股间距长。

从信号处理方法来讲，检测软件是采用设置门限（或阈值）的方法完成上述操作的。当检测的信号中有超过第一门限值的为局部缺陷，第一门限值主要是断丝识别的定性参数，即判断断丝的有无，它的值过小可能出现多判，过大又可能出现漏检。第二门限值则用于对某一处超过第一门限值的信号进行定量判别，它的大小主要由钢丝绳中单根钢丝的直径大小决定，值过大断丝的根数将少判，过小断丝的根数会多判。

正确地设置第一门限值、第二门限值是对检测信号进行准确无误判别分析的关键，第一门限值、第二门限值标定的具体方法有两种：离线标定法（最基本、最规范的）和在线标定法。

1. 离线标定方法

取一根与被测钢丝绳的结构和规格一样的，长度 2 m(含)以上的新绳或旧绳作为实验件，将这根钢丝绳支起并张紧，如图 12-13 所示，接着模拟标准断丝，一般分别模拟 1 根、2 根和 3 根等几处集中断丝，用仪器进行检测试验。具体的要求可参照美国 ASTM E1571—2001。

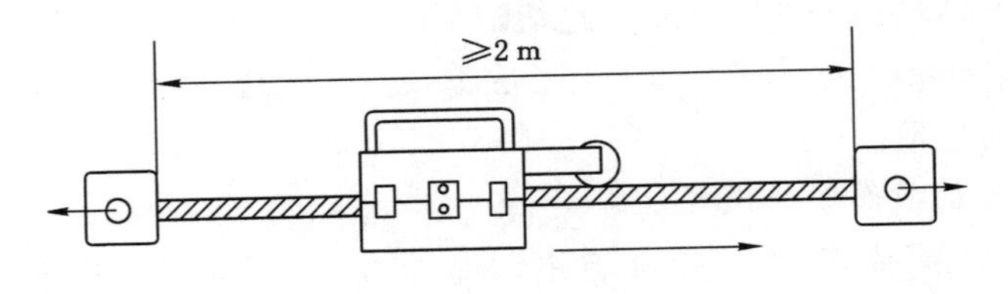

图 12-13　标定钢丝绳的安装图

安装检测装置，在增加参数功能中设置已知的钢丝绳参数，如直径、金属截面积、捻距、采样间隔、波形放大率(可暂设为 1)，并将第一门限值和第二门限值设置为一较小的值。再进入选择参数功能中选定该参数序号。进入采样功能，拉动传感器走过模拟的断丝位置(可来回运动)，结束检测，进入分析程序。

屏幕显示检测的信号波形。当第一门限值较大时，对应断丝的信号将不能指示，此时应回到标定功能中将第一门限值改小，然后再进入断丝分析。调出检测的数据文件名，进入断丝人工分析，再如下述操作。

断丝的识别过程中，软件对每一个峰值信号进行比较，当它超过第一门限值时，将用三个红色的点标注；如不是断丝对应的信号，按照软件的操作说明，接着找到下一个超过第一门限值的峰点，继续操作直到完成断丝信号的标注。

观察屏幕下方的一组数值，VPP 后的两个数值分别为峰值。将第一门限值设置在两峰值中小者的 85%左右。如第一门限值过小时，非断丝信号将被标注，此时观察屏幕上方的数值可发现断丝信号的背景信号间的幅值变化，从而合适地设置第一门限值。由于集中断丝 2 根、3 根或更多根断丝时，其对应的信号幅值比断 1 根丝的要大，第一门限值的设置主要根据单根断丝进行。

第一门限值设定后，在历史数据中进行断丝的判别，对红点标注的信号点按回车键确定，操作完成后，观察检测结果显示，调整第二门限值，使检测的结果与实际断丝数基本一致。不断地重复进行参数设置和检测实验获得最佳的数值。

对于由多种规格的钢丝组成的钢丝绳，断丝定量判别时就必须适当选择第二门限值的大小，从而给出合理的可比较的定量化的结果，并且此时计算出的结果是以当量数显示的。当钢丝绳锈蚀严重时，锈蚀坑点也将产生较大的局部异常信号，因而有可能被识别为断丝信号。

(1) 如何设置第一门限值

在计算机的人机对话界面上，设置第一门限值的目的是把采样数据中 1 根断丝以上的缺陷都用红点标出，供用户判别。如果第一门限值设置过大，则许多断丝缺陷会从我们的眼皮底下溜过；反之，第一门限值太小，则钢丝绳上许多正常的(非缺陷性的)采样点也会被红点标中，给操作者制造多余的麻烦。

为了不让断丝缺陷漏掉，第一门限值的数字量大小应设置为略小于 1 根断丝漏磁信号计算机输出量的值。以图 12-14 所示为例，从比对试验的检测数据中，我们根据已知的断丝位置进行分析，断丝点 P 处的断丝数为 1 根，其漏磁信号的计算机输出量（VPP）分别为 75 和 60，如果第一门限值设置大于 75，那么断丝点 P 就不会被红点标出，形成漏判，因此第一门限值应设置为略小于 60，通常设置为 60 的 85％左右，为 51。

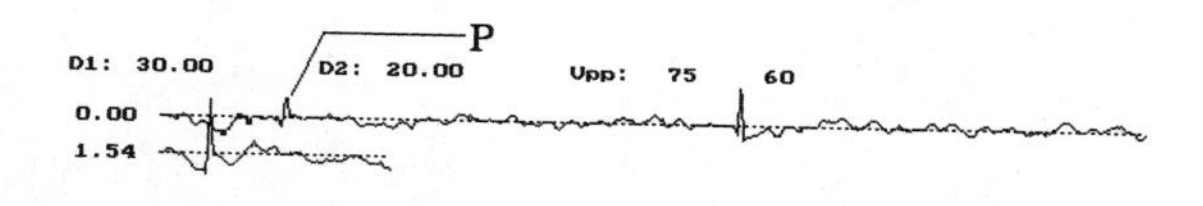

图 12-14　断丝缺陷检测分析图（第一门限值设置）

第一门限值可表达为：

$$第一门限值=VPP\times 85\%$$

式中，VPP 取 1 根断丝处的漏磁计算机输出量，通常取数值小的一个量。

（2）如何设置第二门限值

我们检测钢丝绳断丝，主要目的是对断丝进行定量的判别，在人机对话界面中，钢丝绳断丝经过第一门限值初步认定及操作者确认后，断丝点的位置就定下，而断丝定量的任务就由缺陷分析软件来完成。断丝定量的误差大小则完全取决于参数第二门限值设置水平如何。

众所周知，钢丝绳应用广泛，随着各行业的使用要求的不同，各类结构不同的钢丝绳应运而生，而且直径规格变化繁多，大到 200 多毫米的大桥缆索，小至几毫米的录井钢丝绳都需用钢丝绳安全检测仪检测其断丝与磨损。同为一根断丝，由于其结构、绳径及丝径各不相同，而且断丝的形式也不尽相同，造成断丝处的漏磁输出量也不尽相同。如果第二门限值的设置不随之变化，那么，断丝的定量误差就会很大。也就是说，结构不同、绳径不同，第二门限值的设置也应随之变化。

因此，在条件许可的条件下，在检测某钢丝绳前，最好先取一段同样的新钢丝绳，在上面做若干个断丝，作为第二门限值标定的样绳。例如，图 12-15 表示的是一根长 2.5 m 的 6×37＋IWSC 钢丝绳，A、B、C、D、E、F 是人为设置的断丝点，其断丝分别为 1、2、4、5、7、6（一般断丝点做三处，断丝分别为 1、2、3）。先任意设定第二门限值，进行操作检测，如果检测出各点断丝数与实际的断丝数的误差在技术指标范围内（单处集中断丝根数允许有±1 根或±1 当量根误差），则可认为第二门限值设置符合要求；反之，则需重新设置第二门限值。如检测断丝数大于实际断丝数，第二门限值数值需向上调；检测断丝数小于实际断丝数，则需将第二门限值数值向下调。如果需要的话，可反复调整，直至检测出的断丝数与实际断丝数的误差在技术指标范围内。至此，我们认为第二门限值的设置已经完成。

2. 在线标定法

对于已存在断丝的在役钢丝绳，找到断丝的位置，将传感器安装上后，移动传感器检测到一组信号，然后进行操作，找出第一门限值。

将第二门限值设置为第一门限值大小，做全程检测，如判别有 2 根或更多根断丝位置时，再找到该位置，对第二门限值进行测定。

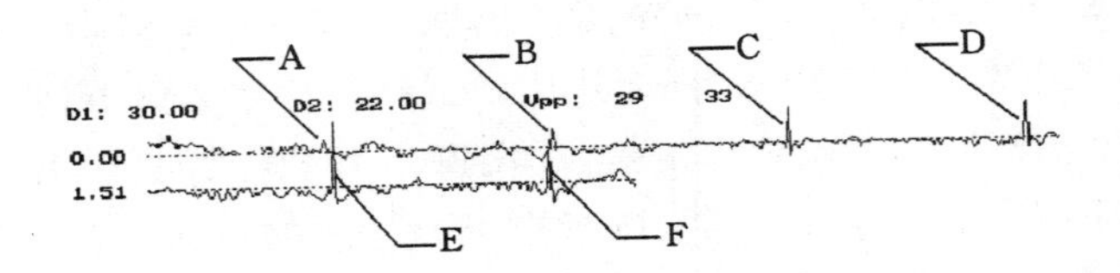

图 12-15 断丝缺陷检测分析图(第二门限值设置)

(六) 波形放大率的设置

波形放大率为检测波形幅度的放大或缩小,以检测者的直观判别方便为准,通常放在4~6间。数字越大,波形幅度缩小;反之,则波形幅度放大。

(七) 有关磨损参数标定(LMA)

钢丝绳的磨损(金属截面积变化)的主要参数是钢丝绳的金属截面积、截面灵敏度和截面基准值,如何正确地对该参数进行设置,将直接影响检测仪器对钢丝绳磨损计算的准确性。

1. 截面灵敏度的设置(在线标定、离线标定)

截面灵敏度的定义是钢丝绳单位截面积的变化所引起的计算机输出量值的变化量。由于元器件性能的离散性及传感器生产装配工艺等诸多因素,每个传感器的截面灵敏度各不相同,这个参数由厂家检验统一标定给出。

(1) 截面灵敏度在线测定

将传感器安装于在役钢丝绳上,选择对应的参数序号,进入在线检测,让传感器不动,用手转动位置测量装置的导轮 6 圈以上(相当于传感器运行 1 m 以上),结束检测,进入波形分析,此时屏幕上可能只有基准线(虚线)而无信号波形,这主要是截面积基准设置不当造成的,这无关紧要,只要注意屏幕左上方的 LMAO 值,将它记为 MA_{rope};打开传感器,在其中夹一根材料与钢丝绳材料相近的钢丝,如图 12-16 所示,设钢丝的横截面积为 A_{wire};钢丝和钢丝绳一起安装在传感器中,如上所述再检测一次,读得另一 LMAO 值,记为 MA_{test}。则截面灵敏度 α 定义为:

$$\alpha=(MA_{test}-MA_{rope})/A_{wire}$$

重复几次上述操作,排除操作或偶然误差后,求其平均值得到较准确的 α 值。α 的大小有正有负,当测量的金属截面积增大时,LMAO 值随之增大,α 值为正,反之为负。由于磁场的变化,不同的传感器在测量不同规格的钢丝绳时,α 值的大小和符号均会变化。

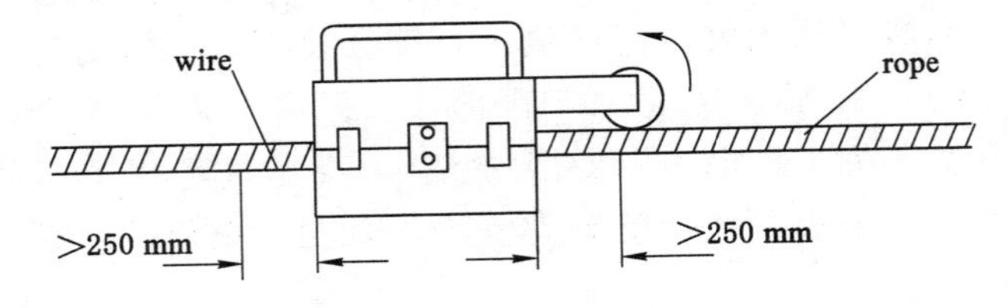

图 12-16 在线灵敏度标定图

(2) 截面灵敏度离线标定

采用一段与被测钢丝绳规格和机构相同的钢丝绳对 α 值测定时,安装如断丝参数的测定，所不同的是，钢丝绳的长度必须大于 5 m，将传感器安装在钢丝绳的中央，以消除端部效应的影响，如图 12-17 所示，其他操作同在线测定。

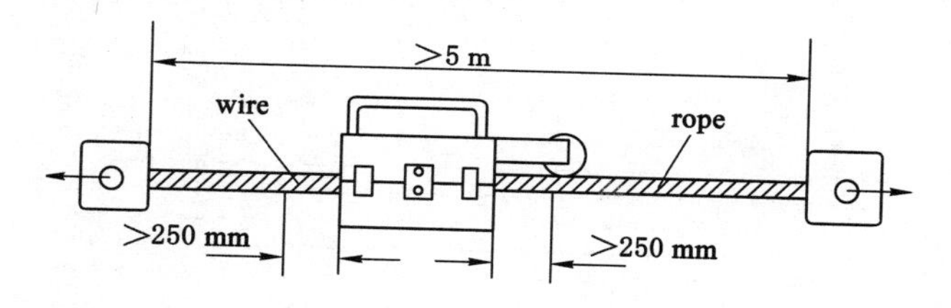

图 12-17　离线灵敏度标定图

2. 截面基准值的设置

采用磁性测量方法测量钢丝绳的金属截面积时，传感器只能在某一测量范围内呈线性变化，因此，对某一规格的传感器，其只能在被测钢丝绳截面积上下变化的较小范围工作。

图 12-18 为传感器测量金属截面积时的典型输出特征曲线。当要测量出某一钢丝绳的金属截面积的绝对值时，必须已知线性区域中某一金属截面积 MA_o 所对应的传感器输出信号值的大小 V_o，然后才能由传感器测量的信号值 V_T，计算出被测钢丝绳的金属截面积 MA_{rope}：

$$MA_{rope} = MA_o + (V_T - V_o)/\alpha$$

当 MA_{rope} 与 V_T 的对应关系不能确定时，只能测定截面积的相对变量 ΔMA_{rope}：

$$\Delta MA_{rope} = (V_T - V_o)/\alpha$$

因此，钢丝绳金属截面积的测量分为绝对截面积测量和相对截面积测量。

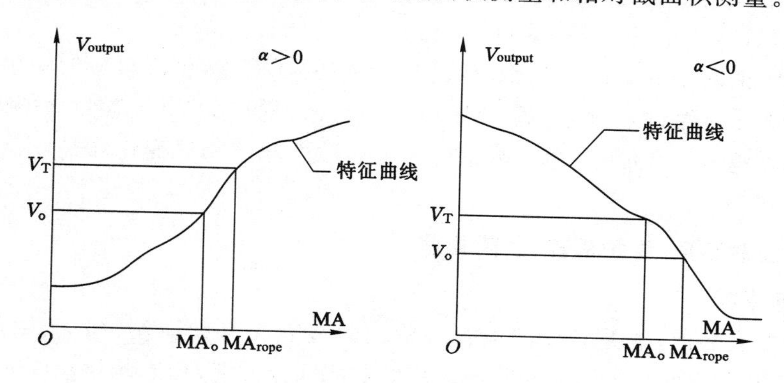

图 12-18　金属截面积测量的特征曲线图

(1) 设置截面基准值的意义

要知道钢丝绳截面积磨损量，一定要预先知道钢丝绳截面在没有磨损时的截面积大小，然后才能得到钢丝绳截面积的相对磨损率。在参数栏中，钢丝绳的金属截面积输入后，截面基准值就是金属截面积的计算机输出量。

(2) 如何设置截面基准值

截面基准值经处理软件计算后输出，具体操作如下：可以先在参数标定时在截面基准值一栏里输入任意值，然后将未磨损的受检钢丝绳检测一次，在波形分析界面内(图 12-19)

的左上角有一“LMAO＝1 949.38”的表示，LMAO表示的数值就是该钢丝绳的截面基准值，把其输入截面基准值一栏，至此，就完成了该项参数的标定。注意：第一行的波形一定要平整。

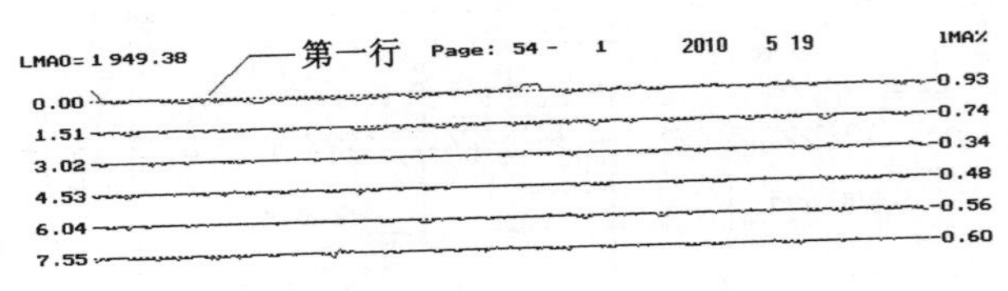

图 12-19 检测波形图

（3）绝对截面积的测量

如截面灵敏度的离线测定一样，取一段5 m长的新钢丝绳，只需在绳的中央移动传感器1.5 m以上，测得一组检测数据，在波形分析中读取LMAO值。此时的LMAO值就是新钢丝绳的金属截面积对应的输出信号值。重复进行多次后求其平均值，得到准确的截面积基准值。

在检测的参数中设置该值，并将钢丝绳的金属截面积设置为新钢丝绳的截面积，用这组参数去测量在役钢丝绳时，在波形分析中，根据相对于新绳的截面积变化率LMA%可求得每一段钢丝绳的绝对截面积大小。

（4）相对截面积的测量

当一时没有可作标定的新钢丝绳时，可在被测钢丝绳上找一磨损和锈蚀最小的处作为测定截面积基准。由于该处的真正截面积大小未知，而金属截面积的大小又只能设置为新钢丝绳的截面积，因此测量存在一定的误差。

通常将检测的起始处1 m长的钢丝绳作为参数的标定段，该段对应的输出信号的大小显示在波形分析中屏幕的左上方，即LMAO值。将截面积基准值设置为该值、将金属截面积设置为新钢丝绳截面积时，其后被测钢丝绳金属截面积的相对变化均是以该处进行比较得来的。

七、实验注意事项、维护保养、故障处理

（一）注意事项

（1）传感器安装前，请务必仔细检查待检钢丝绳表面有无断丝、翘头、倒刺，如果有翘头、倒刺，务必先进行处理，然后再进行探头安装、测试，否则，会影响钢丝绳正常通过传感器而将传感器带走，造成仪器的损坏和人员的安全，引发安全事故。

（2）测试时，必须确保人员的安全，测试人员站立位置手持探头要留出安全距离并系好安全带；测试时，特殊情况宁可放弃探头以确保人员的安全。

（3）使用前将报警器电池进行充电，电池连续工作时间不得超过9 h。

（4）切勿戴机械手表操作，以防手表磁化。

（5）切勿将传感器靠近电脑、软盘、打印机，以防强磁场影响。

（6）切记先行连接导线插头，然后依次接通电源，启动电脑。

（二）维护保养

钢丝绳上的油污不影响检测结果，但每次检测完毕后，应将传感器导套、编码器导轮上

的油污清理干净。

传感器探头是精密仪器，应放在通风干燥处。由于其内部有各种微型敏感元件，用户请勿自行拆卸。

（三）故障处理

整个系统使用中一般无故障，但当电脑操作发生问题时，可先请电脑专门人员检测指导，如无法解决，则请通知供货商提出服务要求。

八、实验要求及实验报告

（1）分组独立进行实验，组内各同学分工合作。

（2）实验前认真阅读设备说明书及实验教材，并清楚实验原理及各实验步骤。

（3）每组提交一份实验报告，分析所测钢丝绳的损伤情况。

（4）按设备操作要求认真操作，首先注意安全，同时保证设备完好。

实验十三　安全人机工程综合实验

安全人机工程是综合运用生理学、心理学、人体测量学、系统工程、生物力学和有关的工程技术知识，研究系统中人、机和环境间相互作用，以达到安全、舒适、高效生产的目的，是安全工程主要的专业方向之一。

人机工程既是一种设计思想和理论，同时也是一种有效的系统综合设计和评价技术。安全人机工程学在安全工程学科中的主要作用是通过人—机—环境相互关系的研究，为系统中的人创造最佳的作业条件和环境，使人的作业安全可靠、减少失误、减少疲劳，从而提高作业效率，保证系统的安全，同时也为事故的系统分析、事故的预防以及安全决策提供理论依据。

人机工程实践性较强，从原理上讲，它在很大程度上是一门实验科学，人机工程的实际应用有赖于实验得出的有关信息和结果。因此，除必要的理论教学之外，相应的实践教学部分——实验，成为人机工程课程不可或缺的环节。

人是人机系统当中的主导因素。现代工业生产中，人的因素变得越来越重要，任何系统或工程都必须充分考虑人的因素。因此，“人体生理计测”、“认知测试”被确定为人机工程实验内容的主要部分。此外，还包括“作业环境测定”和“作业分析与改善”两部分内容，每部分实验内容又包括若干实验项目。

本实验主要介绍了“认知测试”这部分的相关实验内容。认知测试属于人的认知心理特征范畴，旨在通过该类实验，使学生掌握获取人的主要心理特征参数（例如注意力集中和分配能力、反应时）的方法和途径，通过测量作业者从事脑力作业或技能作业时的心理负荷参数和具体感知指标，为合理制定工作负荷和考核指标、职业培训等提供科学依据。

安全人机工程综合实验由下列 3 个子实验项目构成，如表 13-1 所列。

表 13-1

序　号	实验名称	实验时数	实验性质
实验 1	注意力集中能力测试实验	2	综合性
实验 2	注意力分配能力测试实验	2	综合性
实验 3	视觉反应时测试实验	2	综合性

实验1　注意力集中能力测试实验

注意力集中是指注意力能较长时间集中于一定的对象，而没有松弛或分散的现象。注意力集中与其对象的特点有关，其时间上的延续就是注意力的稳定性，是注意力稳定性的标志。有研究表明，如果注意力的对象相对单调、静止，注意力就难以稳定；如果注意力的对象是复杂的、变化的、活动的，则注意力就容易稳定。如果主体对从事的活动持积极的态度，或者有着浓厚的兴趣，并且能借助有关动作维持知觉及思维过程，从各种角度进行观察和思考，那么注意力就容易集中及稳定；反之，就容易分散。可见，注意力还与主体的心理倾向性及健康等状况有关。

注意力集中实验可以用来进行视觉动作的学习，因而有一定的应用价值，是人机工程"认知测试"的主要实验内容之一，主要测定在不同跟踪对象、不同测试时间和不同转速下的注意力集中能力。

一、实验目的

(1) 学习注意力集中能力测试仪的工作原理及使用方法。

(2) 通过设置不同跟踪对象、不同测试时间和不同转速条件，分析不同条件下的注意力集中能力。

(3) 根据实验结果，寻找提高注意力集中能力的方法。

二、实验原理

本实验由可换不同测试板的转盘及控制、计时、计数系统组成。转盘转动使测试板透明图案产生运动光斑，用测试棒追踪光斑，通过追踪正确的时间及出错次数来判断被试的集中能力和视觉-动觉协调能力。

三、实验仪器

(1) 注意力集中能力测定仪 BD-Ⅱ-310 型(图 13-1)。

(2) 实验图形板 3 块，光接收型 L 形测试棒 1 支。

(3) 主要技术指标：

定时时间：1～9 999 s。

正确、失败时间：范围 0～9 999.999 s，精度 1 ms。

最大失败次数：999 次。

测试盘转速：10 r/min、20 r/min、30 r/min、40 r/min、50 r/min、60 r/min、70 r/min、80 r/min、90 r/min 九挡。

测试盘转向：顺时针或逆时针。

图 13-1　注意力集中能力测定仪

(4) 功能说明。控制前面板见图 13-2，主要由定时设定按键组合、控制转速与方向按键、测试键、打印键、复位键以及转速、成功时间、失败次数显示数码管组成。后面板见图

13-3,主要有电源开关、音量调节旋钮以及耳机、测试棒、打印机插座。

图 13-2　仪器前面板

图 13-3　仪器后面板

四、实验操作

(1) 拧开测试板中央四个螺丝调换所选择的测试板。

(2) 测试棒插头插入后面板的插座中。如用耳机,则耳机插头插入后面板的相应插座中。

(3) 接通电源,打开电源开关。

(4) 选择转盘转速:按下“转速”键一次,其转速显示加 1,即转速增加 10 r/min,超过 90 r/min,自动回零。如转速显示为 0,则电机停止转动。选择的转速由测定内容而定。测定注意力集中能力,则应选择慢速挡(不宜超过 40 r/min),减少动作协调能力对于注意力集中测试结果的影响。如测定动作追踪能力,可以适当选用较高的转速。

(5) 选择转盘转动方向:按下“转向”键一次,其键右侧“正”、“反”指示灯亮灭变化一次,“正”亮表示转盘顺时针转动,“反”亮表示转盘逆时针转动。如转盘正在转动中,每按一次“转向”键,转盘变化一次转动方向,经一定时间后,转盘达到指定的转速。

(6) 选择定时时间:按“定时设定”组合的按键,各位“▲”“▼”键确定实验时间,其时间值实时显示于“成功时间”显示窗上。测定注意力集中能力,定时时间不宜过小(应在 2 min,120 s 以上),否则难于测定出被试注意力不集中的状况。

(7) 插入耳机插头,选择噪声由耳机发出,否则由喇叭发出。其噪声音量可以由后面板的音量旋钮调节。噪声用于干扰被试的注意力,可以进行对比测试,测试其意志力等。

(8) 被试用测试棒追踪光斑目标。当被试准备好后,主试按“测试”键,这时此键左上角指示灯亮,同时喇叭或耳机发出噪声,表示实验开始。被试追踪时要尽量将测试棒停留在运动的光斑目标上,以测试棒停留时间作为注意力集中能力的指标。实时显示其时间,即成功时间。同时实时记录下追踪过程中测试棒离开光斑目标的次数,即失败次数。

(9) 到了选定的测试定时时间,“测试”键左上角指示灯熄灭,同时噪声结束,表示追踪实验结束。

(10) 复位:测试过程中,要中断实验必须按“复位”键;一次测试结束后要重新开始新的实验,也必须按“复位”键。按下后,成功时间位置显示定时时间,失败次数清零,回到第(4)步开始下一次实验。

将全体被试分成 A、B 两个组。A 组实验时间设为 120 s,B 组为 180 s,分别完成 3 种不同转速的追踪实验。实验前可先进行练习,然后开始正式实验。

注:分组要求、转速和时间的设置可根据实际实验设计而定。

五、注意事项

（1）测试时室内光线不宜太强。

（2）测试棒接触靶不宜用力过大。

（3）按“转速”键提升速度，如按动过快，会不响应；按“转向”或“复位”键，正在转动过程中，转盘需慢慢达到指定的转速，这过程中按其他键都不响应。

（4）实验完毕必须切断电源。

六、数据记录

（1）将每个被试实验结果中的在靶时间和脱靶次数，按测试时间的不同分别填入表13-2中。

表 13-2　　**测试 2 min(3 min)实验数据记录表**

被试	转速/(r/min)					
	5		10		20	
	在靶时间	脱靶次数	在靶时间	脱靶次数	在靶时间	脱靶次数
甲						
乙						
……						
平均						

（2）以3种转速为横轴，以它们的平均在靶时间（换算为百分比）和脱靶次数为纵轴，分别画出A组和B组各自两张直方图（图13-4、图13-5）。

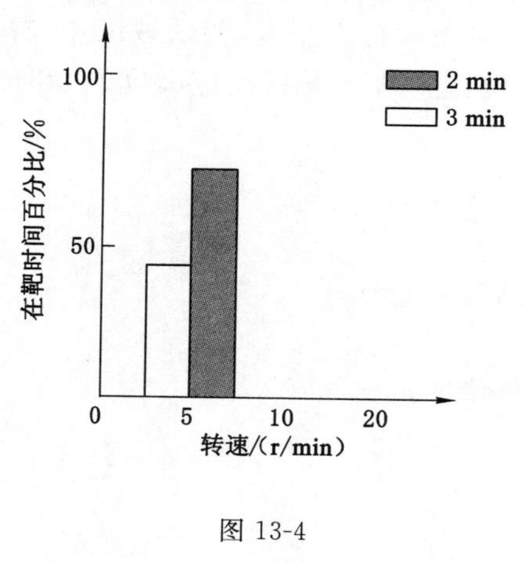

图 13-4

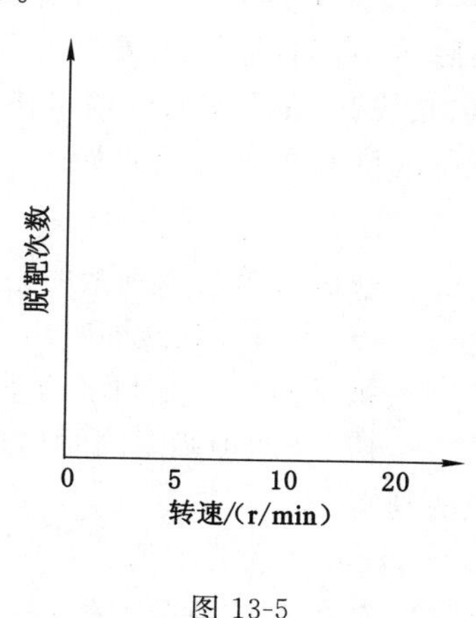

图 13-5

七、讨论

（1）根据结果中的图，比较分析不同转速和作业时间注意力集中性有哪些异同？还有哪些因素影响集中性？

（2）注意集中性有无性别差异。

（3）如果要你挑选一些注意力集中能力强的人，请你设计一个方案。

实验2　注意力分配能力测试实验

注意力分配能力指人在同一时间内把注意力指向两种或两种以上的活动或对象的能力。它是人根据当前活动需要主动调整注意力指向的一种能力，可在后天的生活实践中得到训练发展，是从事复杂劳动的必备条件，与注意力分散有本质区别。注意力分配的水平，依赖于同时进行的几种活动的性质复杂的程度和个体熟练程度。通常同时进行的几种活动之间存在着内在联系，处于邻近空间内，复杂程度低、个体熟练程度高时利于注意力分配，否则注意力难于集中精神。

一、实验目的

(1) 测量被试注意力分配值的大小，即检验被试同时进行两项工作的能力。

(2) 利用该仪器也可研究动作、学习的进程和疲劳现象。

二、实验原理

被试对仪器发出的连续、随机、不同音调的声刺激作出判断和反应。用左手按下相应按键，在规定时间内尽快地操作。仪器记录下正确的反应次数 S_1。

被试对仪器发出的连续、随机、不同位置的光刺激作出判断和反应。用右手食指按下相应按键，在规定时间内尽快地操作。仪器记录下正确的反应次数 F_1。

仪器随机、自动、连续地按规定时间同时呈现声刺激和灯光刺激，要求被试左、右手分别按下声、光按键，在规定时间内尽快地操作，仪器分别记录下正确的反应次数 S_2 和 F_2。

注意分配量 Q 的计算公式如下：

$$Q = \sqrt{S_2/S_1 + F_2/F_1}$$

式中　S_1——被试对单独声刺激的正确反应次数；

S_2——声、光两种刺激同时出现时被试对声刺激的正确反应次数；

F_1——被试对单独光刺激的正确反应次数；

F_2——声、光两种刺激同时出现时被试对光刺激的正确反应次数。

Q 值的判定：

$Q<0.5$，没有注意分配值；

$0.5\leqslant Q<1.0$，有注意分配值；

$Q=1.0$，注意分配值最大；

$Q>1.0$，注意分配值无效。

三、实验仪器

注意分配实验仪 BD-Ⅱ-314 型(图 13-6)。

(一) 主要技术指标

(1) 仪器主试面板设有功能选择开关、数码显示器、音量调节旋钮等；被试面板设有低音、中音、高音 3 个反应键，8 个发光管和与其对应的 8 个光反应键。

（2）声音刺激分高音、中音、低音 3 种，要求被试对不同音频声音刺激作出判断和反应，用左手按下不同音频相应的按键，记录下设定时间内的正确及错误的反应次数。

（3）光刺激由 8 个发光管形成环状分布，要求被试对不同位置的光刺激作出判断和反应，用右手按下与发光管相对应位置的按键，记录下设定时间内的正确及错误的反应次数。

（4）以上两种刺激可分别呈现，也可同时呈现。

（5）时间设定：1～9 min 共 9 挡。

（6）分别记录设定时间内对光或声反应的正确次数及错误次数，最大次数 999 次。

（7）自动计算注意分配量 Q 值。

（二）主试面板（图 13-7）说明

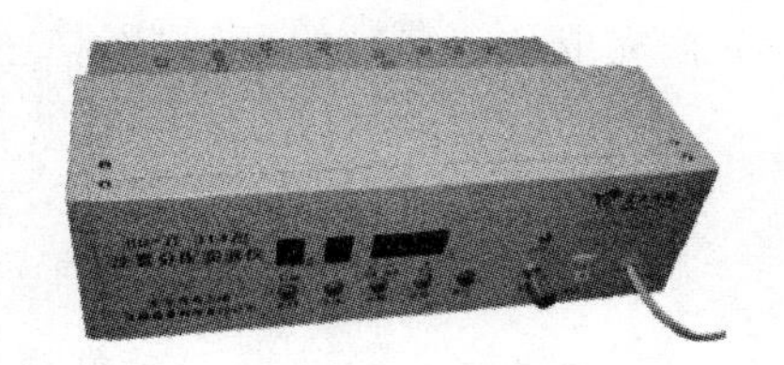

图 13-6　注意分配实验仪

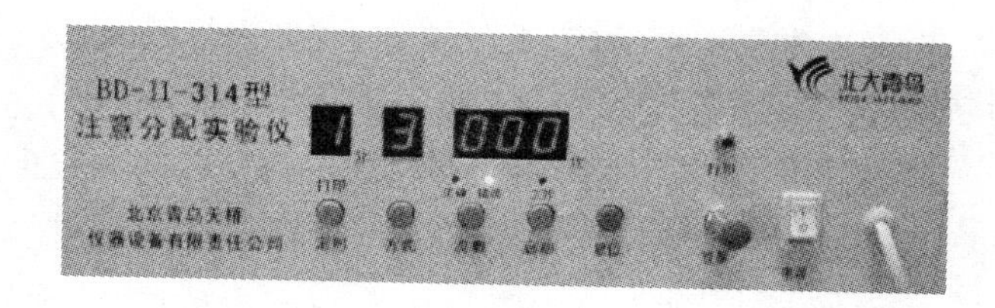

图 13-7　主试面板

（1）启动键：主试开始测试键。

（2）复位键：中间强行中断或者每完成一组实验后重新开始。

（3）方式键：选择工作方式，数码显示于此键上方（各方式对应的功能内容详见表 13-3）。

表 13-3　　各方式下功能内容一览表

方式	功　　能
0	自检方式，此方式时可试音、试光，即检查仪器好坏，也可让被试熟悉低、中、高 3 种声调
1	中、高二声反应方式
2	低、中、高三声反应方式
3	光反应方式
4	二声＋光反应方式
5	三声＋光反应方式
6	测定 Q 值，二声反应、光反应、二声＋光反应 3 项实验连续进行
7	测定 Q 值，三声反应、光反应、三声＋光反应 3 项实验连续进行

（4）定时键：主试按此键设置每组实验时间，1～9 min 共 9 挡，数码显示于此键上方。

（5）次数键：实验结束后，选择显示的次数为正确次数或错误次数，其键上方有相应指示灯。

（6）音量控制旋钮：实验前由主试调整合适音量。

（三）被试面板（图 13-8）说明

（1）3 个声信号操作键：听到低音按“低音”键；听到中音按“中音”键；听到高音按“高音”键。

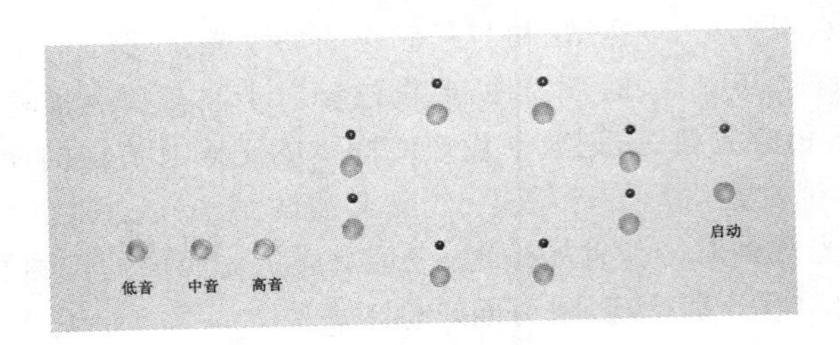

图 13-8　被试面板

(2) 8 个光信号操作键：依据红灯亮位置按下对应操作键。

(3) 光信号灯：红灯亮为光刺激。

(4) 工作指示灯：灯亮表示工作态；灯闪烁表示规定时间内完成了一项操作，中间休息；灯灭表示一组实验完成。

(5) 启动键：与主试面板一致，为开始测试键。

四、实验要求

本实验两人一组，一人为主试另一人为被试，轮换进行。自主设计实验数据记录分析表。对实验结果进行数据处理，分析归纳注意力分配的基本规律。

五、实验操作

(1) 接通电源，打开“电源”开关。

(2) 按“定时”键设定工作时间。

(3) 按“方式”键设定工作方式。

(4) 自检(试音、试光)：主试设定方式“0”，按“启动”键，开始自检，被试分别按压 3 个声音按键，细心辨别 3 种不同音调；分别按压 8 个光按键，对应发光二极管亮。每按下一键，数码管相应显示一组数值。检测仪器是否正常。

(5) 开始实验：主试设定方式“1～7”。被试按“启动”键，工作指示灯亮，测试开始。

① 二声反应(方式 1)：出声后，被试依声调用左手食指和中指分别对高、中二音尽快做出正确反应。

② 三声反应(方式 2)：出声后，被试依声调用左手食指、中指、无名指分别对高、中、低三音尽快做出正确反应。

③ 光反应(方式 3)：出光后，被试用右手食指尽快按下与所亮发光管相对应的按键。

④ 二/三声与光同时反应(方式 4/5)：左右手依上述方法同时反应。

⑤ 测定 Q 值(方式 6/7)：二/三声反应、光反应、二/三声与光同时反应 3 项实验连续进行，最后自动计算出注意分配量 Q 值。每项实验完成后，中间将休息，启动灯闪烁，按“启动”键，实验继续。

⑥ 当工作指示灯灭，表示规定测试时间到。

⑦ 测试过程中，将实时显示正确或错误次数。显示正确次数，相应“正确”指示灯亮；显示错误次数，相应“错误”指示灯亮。方式 4 或 5 声光组合实验，显示正确或错误次数时，声显示方式为“4 或 5”，光显示方式为“4. 或 5. ”，即光有小数点以示区别。

(6) 查看被试测试成绩：

每组实验完成后，按"次数"及"方式"键，可查看被试测试成绩。

声或光单独实验（方式 1、2、3）：按"次数"键，查看正确或错误次数。

声或光组合实验（方式 4、5）：按"方式"键，查看声或光的数据，声方式显示"4 或 5"，光方式显示"4. 或 5."。按"次数"键，查看对应的正确或错误次数。

测定 Q 值实验（方式 6、7）：按"方式"键，可以查看每项的实验数据，对应方式显示为1/2（声）→3.（光）→4/5（声光组合中声）→4./5.（声光组合中光）→6/7（Q 值），依次循环。按"次数"键，查看对应的正确或错误次数。显示 Q 值时，按"次数"键无效，相应指示灯全灭；当 $Q>1.0$ 时，注意分配值无效，显示"—. ——"。

六、实验数据记录

记取实验过程中各方式下的正确和错误次数，填入表 13-4 中。

表 13-4　　结果记录表

	一		二	
	正确次数	错误次数	正确次数	错误次数
方式 1				
方式 2				
方式 3				
方式 4				
方式 5				
方式 6				
方式 7				

七、分析讨论

（1）根据实验结果解释注意分配现象。

（2）收集其他同学数据，比较注意分配是否有性别差异。

（3）分析自己的 Q 值。

（4）思考哪些工作特别需要具备注意分配能力。

实验3 视觉反应时测试实验

一般将外界刺激出现到操作者根据刺激信息完成反应之间的时间间隔称为反应时。反应时是人机工程学在研究和应用中经常使用的一种重要的心理特征指标。利用反应时可以分析人的感知觉、注意、识别、学习、唤醒水平、动作反应、定向运动、信号刺激量等。

一、实验目的

(1) 加深对反应时概念的具体认知,比较不同颜色对反应时的影响。

(2) 比较简单反应时与选择反应时的差异,寻找影响简单反应时、选择反应时的因素。

二、实验原理

被试根据屏幕上呈现的不同规律的色光刺激,采用手键应答,通过记录实验过程中正确反应的时间及出错次数来判断被试的视觉反应能力。

三、实验仪器

BD-Ⅱ-511 型视觉反应时测试仪如图 13-9 所示,由单片机及有关控制电路、主试面板、被试面板等部分组成,可进行五大类十七组的反应时实验,包括经典反应时实验,也包括认知心理学的反应时实验,用于自动测量视觉的选择反应时,以及检测被试的判别速度和准确性。

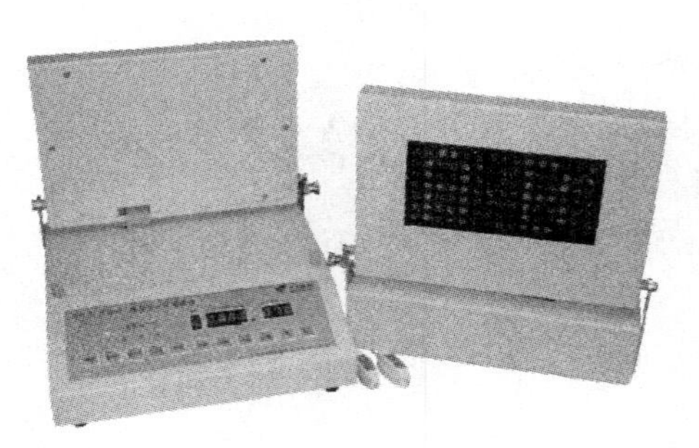

图 13-9 视觉反应时测试仪

主要技术指标:

(1) 刺激呈现:7×15 红、黄、绿三色光点阵。显示屏翻转折叠。

(2) 实验次数:10~255 次,通过按键设定。

(3) 实时显示每次实验的反应时间,0.001~9.999 s,自动显示每组的平均反应时,自动显示错误次数。

(4) 被试左、右回答手键。

四、实验内容

（一）刺激概率对反应时的影响

这个实验是用红、黄、绿三种色光分别作为刺激，每次实验选用一种色光刺激，进行简单反应时测定。

实验次数可按实验需要选定。实验次数设定后，仪器根据设定的组别，自动确定该组实验中“红”、“黄”、“绿”三种色光应出现的次数。按“红”、“黄”、“绿”三种色光出现次数的不同比例（概率）共分四组实验，即“概率 1”（组别为 1）、“概率 2”（组别为 2）、“概率 3”（组别为 3）、“概率 4”（组别为 4）。

按主试面板上的“概率”键，选择对应的实验组别。回答可选用任一反应手键。每组实验完后，将显示本组实验中红、黄、绿三种色光的各自平均简单反应时及实验次数。

（二）数奇偶不同排列特征对反应时的影响

根据数排列特征不同分成三组实验：

组别 1——“横奇偶”，数横向整齐排列。

组别 2——“竖奇偶”，数竖向整齐排列。

组别 3——“随机奇偶”，数随机排列。

按主试面板上的“数奇偶”键，选择相应组别。实验次数可按需要选定。实验用红色光刺激，刺激在显示屏两侧 4×4 点阵区内显示。被试判别显示点之和是奇数还是偶数，用反应手键回答。如左右刺激点数和为奇数，按“左”键；为偶数，按“右”键。回答正确，显示器自动显示每一次正确判断的反应时间；回答错误，蜂鸣声响提示，自动记录错误次数。实验结束，仪器自动显示正确回答的平均选择反应时及错误回答次数。标志位无显示。

（三）数差大小排列特征对反应时的影响

根据数排列特征不同分三组实验：

组别 1——“横差大小”，数横向整齐排列。

组别 2——“竖差大小”，数竖向整齐排列。

组别 3——“随机大小”，数随机排列。

按主试面板的“数大小”键，选择相应组别。实验次数可按需要选定。实验用红色光刺激，刺激在显示屏两侧 4×4 点阵区内显示。被试判别显示点左边显示点多还是右边多，用反应手键回答。如左边刺激点多，按“左”键；右边多，按“右”键。回答正确，显示器自动显示每一次正确判断的反应时间；回答错误，蜂鸣声响提示，自动记录错误次数。实验结束，仪器自动显示正确回答的平均选择反应时及错误回答次数。标志位无显示。

（四）信息量对反应时的影响

根据刺激信息方式分三组实验：

组别 1——信息量 1，在显示屏中间随机显示红或绿大正方形。实验要求被试只对“红大正方形”反应，而对“绿大正方形”不反应。

组别 2——信息量 2，在显示屏中间随机显示 4 种正方形——红大、红小、绿大、绿小正方形。实验要求被试对“红大或绿小正方形”反应，而对“绿大或红小正方形”不反应。

组别 3——信息量 3，在显示屏左右两边随机显示 4 种正方形组合——红大红小、红小红大、绿大绿小、绿小绿大正方形。实验要求被试进行反应的是“红色左大、右小正方形”或者“绿色左小、右大正方形”，而对于“红色左小、右大正方形”或者“绿色左大、右小正方形”不反应。

实验测定的是辨别反应时，刺激呈现后作为辨别反应的称之正刺激，不作反应的称之负刺激。

按主试面板的“信息量”键，选择相应组别。实验次数可按需要选定。实验用红、绿色光刺激，被试判别刺激是“正刺激”还是“负刺激”，如果是正刺激，回答可选用左右任一反应手键。出现负刺激不回答，2 s后会自行消失。回答正确，显示器自动显示每一次正确判断的反应时间。回答错误，蜂鸣声响提示，自动记录错误次数。实验结束，仪器自动显示正确回答的平均辨别反应时间及错误回答次数。标志位无显示。

（五）“刺激对”异同及时间间隔对反应时的影响

本实验采用4对字母刺激“AA”、“Aa”、“AB”、“Ab”，根据每对两个字母呈现时间的不同分为四组实验：

组别1——时距1，两字母同时呈现。

组别2——时距2，两字母呈现时间间隔为0.5 s：第一个字母呈现2 s后消失，隔0.5 s呈现第二个字母。

组别3——时距3，两字母呈现时间间隔为1 s：第一个字母呈现2 s后消失，隔1 s呈现第二个字母。

组别4——时距4，两字母呈现时间间隔为2 s：第一个字母呈现2 s后消失，隔2 s呈现第二个字母。

按主试面板的“时距”键，选择相应组别。实验次数可按需要选定。实验用红色光刺激，刺激在显示屏左、右两侧呈现。被试依呈现内容，用反应手键回答。呈现“AA”、“Aa”，按“左”键；呈现“AB”、“Ab”，按“右”键。回答正确，显示器自动显示每一次正确判断的反应时间；回答错误，蜂鸣声响提示，自动记录错误次数。实验结束，仪器自动显示正确回答的平均选择反应时间及错误回答次数。标志位无显示。

五、实验准备

（1）将后面板的刺激光源灯放在被试的正前方。

（2）将反应键盘的电缆线插在后面板左下方的插座中。

（3）接通主机电源，打开后面板的电源开关。

（4）仪器初始设定的实验次数为10次。

六、实验操作

（1）接通电源，打开电源开关。

（2）自检：用此功能检查仪器好坏。按“自检”键，仪器进入自检状态。主试面板八位数码管同时依次显示0～7，与此同时被试面板显示屏分红、黄、绿三色全屏显示及逐行显示。接着，被试面板显示屏分红、黄、绿三色全屏显示及逐列显示，数码管标志位显示颜色标值，后二位显示列数。按“复位”键自检中断。

（3）反应手键检测：按左键，数码管显示“12.345678”；按右键，数码管显示“87.654321”。

（4）选择实验类型及组别：根据实验需要，按下主试面板实验类型选择键（“概率”、“数奇偶”、“数大小”、“信息量”、“时距”键），对应键上的灯亮，表示选择此类实验。再按该键，可以选择需要的组别，对应面板上相应“组别”灯亮。

（5）选择实验次数：实验次数范围在10～255之间任意设置。按“次数”键，次数百位数码管闪，按“十”键调百位数；再按“次数”键，次数十位数码管闪，按“十”键调十位数；再按“次数”键，次数个位数码管闪，按“十”键调个位数。注意设定值应在10～255范围内。

（6）在实验正式开始之前，主试必须向被试说明实验内容与要求及反应的判别方式。被试面对显示屏，左手握“左”回答手键，右手握“右”回答手键，做好回答准备。

（7）按“启动”键开始实验。实验开始后，被试注视显示屏，按要求进行回答，在回答正确的前提下，回答越快越好。回答正确，显示器自动显示每次回答的反应时间；回答错误，蜂鸣声响提示，记录一次错误次数。

（8）每次实验开始前有2 s的预备。预备时，被试不能按下反应键，否则会出现蜂鸣声响提示，将重新开始预备。实验次数实时倒计数。实验结束，蜂鸣长声响，显示该组实验结果。

（9）“概率”实验结束后，按“＋”键，可分别显示本组实验中总的平均简单反应时与实验次数，以及红、黄、绿三种色光的各自平均简单反应时及实验次数。显示中相应标志位0代表总平均，标志位1代表红色光，标志位2代表黄色光，标志位3代表绿色光。

（10）一组实验结束后，换新的被试，若实验内容不变，主试只需按下“启动”键，测试重新开始。如更换实验内容，请按实验类型选择键（“概率”、“数奇偶”、“数大小”、“信息量”、“时距”键），设定组别，重新设定实验次数。

（11）复位：实验过程中，按“复位”键，实验将停止。

七、数据记录

将每次实验结果依据实验内容的不同分别记录于表13-5和表13-6中。

表13-5　　刺激概率对反应时的影响（简单反应时）

组别序号	总平均反应时/s	红色		黄色		绿色		测量次数
		出错次数	反应时/s	出错次数	反应时/s	出错次数	反应时/s	
组别1								
组别2								
组别3								
组别4								
平均								

表13-6　　不同测试项目对出错率及反应时的影响（选择反应时）

测试项目	组别序列	出错次数	平均反应时/s
数奇偶不同排列特征	1		
	2		
	3		

续表 13-6

测试项目	组别序列	出错次数	平均反应时/s
数差大小排列特征	1		
	2		
	3		
信息量	1		
	2		
	3		
刺激对异同及时间间隔	1		
	2		
	3		
	4		

八、分析讨论

(1) 视觉选择反应时与视觉简单反应时有何区别?

(2) 比较不同被试的选择反应时,检验是否存在性别差异。

(3) 举例说明视觉反应时在安全人机工程学研究中的应用意义。

实验十四　煤巷掘进工作面综合防突虚拟仿真实验

我国是世界上煤与瓦斯突出灾害最严重的国家。据统计,自1950年辽源矿务局发生首次煤与瓦斯突出以来,全国先后已发生煤与瓦斯突出事故数万次,死亡数千人。同时,近年来在建隧道工程在穿越含煤地层时也时有瓦斯突出事故发生。瓦斯灾害事故是安全领域事故预防、灾害控制的重要主题之一,也是安全科学与工程类专业重要的理论实践课程。但是,瓦斯灾害事故的预防与控制和实际生产现场条件密切相关,目前在教学实践中其预防与控制方法一直都是以理论教学为主,缺少与理论相结合的实验教学系统,也没有条件到井下现场进行实际操作,这都导致传统的教学方法无法将矿井瓦斯防治知识完美地呈现并传授给学生,无法让学生更深入地掌握与运用知识,没有体现出实验教学在培养学生过程中的重要作用。因此,为了解决目前瓦斯灾害事故预防与控制教学中存在的问题,我们将矿井瓦斯综合防突专业实验内容与虚拟仿真技术相融合,建设了较为完善的矿井瓦斯综合防突虚拟仿真实验教学平台和资源。

煤与瓦斯突出是破碎的煤、岩和瓦斯在地应力和瓦斯的共同作用下,由煤体或岩体内突然向采掘空间抛出的动力现象,是煤矿井下最严重的灾害之一。其破坏性主要表现为:突出形成的冲击波破坏采掘空间内的设施;抛出的煤、岩伤害或掩埋现场工作人员;瞬间涌入采掘空间的大量瓦斯使井下风流中瓦斯浓度迅速增高,造成人员窒息死亡,遇到火源时甚至可能引起瓦斯爆炸事故。

随着我国煤矿开采深度和强度的不断加大,地应力和瓦斯压力不断增大,瓦斯灾害越来越严重,防治煤与瓦斯突出的工作越来越重要。根据《防治煤与瓦斯突出规定》,突出煤层必须采取“区域防突”+“局部防突”双四位一体的方式进行消突后才能进行巷道掘进和工作面的回采作业。煤巷掘进是形成工作面的必需流程,煤巷掘进工作面的综合防突存在时间周期长、空间距离大、煤矿井下环境复杂等问题,学生很难全流程参与防突过程。针对此问题,我们将煤矿生产中的煤巷掘进工作面综合防突等耗费时间长、不容易实现、不能实现的现场实验,进行了虚拟仿真,让学生能够更为直观地学习到多种地质条件下的煤巷掘进过程中工作面综合防治煤与瓦斯突出的专业知识,并结合具体的案例,让学生选择实施方案,然后系统给出方案比较分析和推荐最优方案,锻炼学生在现实问题中的决策分析能力。学生通过客户端进行教学内容的虚拟学习,提升了实训能力,且教师能通过管理端进行教学内容管理跟踪,丰富了实训教学手段。

一、实验目的

(1) 了解防治煤与瓦斯突出的意义。

(2) 掌握区域综合防突措施和局部综合防突措施的具体内容,及其在实践中的具体应用。

(3) 掌握煤层瓦斯压力、瓦斯含量、煤钻屑瓦斯解吸指标 K_1 值、煤钻屑瓦斯解吸指标 Δh_2 的现场测试方法。

二、虚拟软件简介

(一) 仿真实验平台总体架构

煤巷掘进工作面综合防突虚拟仿真实验教学平台是采用开放式虚拟实验网络管理系统,使用 Apache 服务器,以 MySQL 作为数据库支持的网络教学平台,其可以解决实验时间、空间受限等诸多问题,对于提高使用者的实验操作能力具有非常重要的意义。

我们将煤巷掘进工作面综合防突虚拟实验教学资源建成一个基于校园网的可扩展且具有一定伸缩性的平台,目前已覆盖全校区,具备了虚拟教学平台的网络运行环境,能够保证实训教学系统安全、稳定、可靠、开放共享运行。该系统平台拓扑架构如图 14-1 所示。

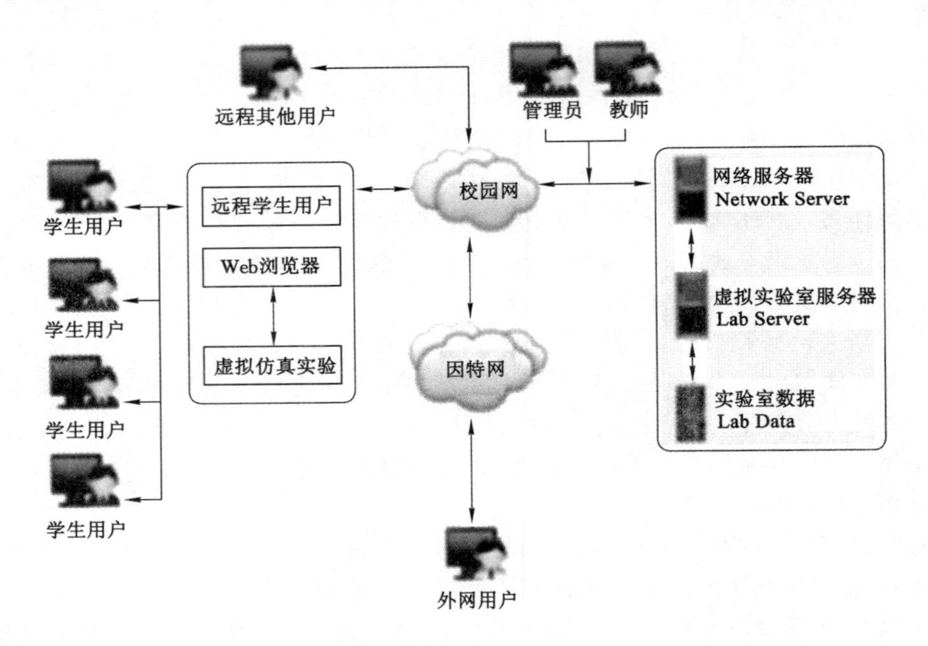

图 14-1　系统拓扑架构图

该虚拟仿真实验系统分为前端学生客户端和后台管理端两个部分。前台用于开展虚拟教学,后台用于对系统数据的管理。系统拥有视频演示、课件演示、结构演示、虚拟操作、系统管理、数据库系统等模块,在网络中心机房拥有独立的平台管理服务器、Web 服务器、应用服务器、存储系统、路由器等,其核心服务器使用双机设备,支持定时数据备份,支持异地数据备份,保障数据安全。

(二) 仿真实验平台主体功能及内容

该虚拟仿真实验平台主要由五大模块构成,分别为实验简介、实验背景、综合防突、实验教学和实训教学模块。系统模块构成如图 14-2 所示。

1. 实验简介模块

该模块通过语音、文字、动画等形式对煤巷掘进工作面综合防突虚拟仿真实验进行系统介绍,对各个模块功能意义及目的分别进行说明,使学生能够对该系统有一个整体的初

图 14-2　系统模块构成图

步认识和了解。

2. 实验背景模块

该模块统计了自新中国成立以来我国发生的瓦斯事故(煤与瓦斯突出、瓦斯爆炸)和事故造成的人员伤亡情况,采用语音介绍与事故案例画面相结合的方式介绍了我国的瓦斯突出情况和典型事故案例,重点介绍了近期发生的一起煤与瓦斯突出事故的经过,以加深学生和学习者对突出事故的认识及开展防治煤与瓦斯突出工作的意义。

3. 综合防突模块

依据《煤矿安全规程》、《防治煤与瓦斯突出规定》等规范标准中关于防治煤与瓦斯突出工作的基本方法和流程,介绍了突出煤层和按照突出煤层管理的煤层区域综合防突措施和局部综合防突措施,并采用视频动画形式讲解基本流程。其防突措施流程如图 14-3 所示。

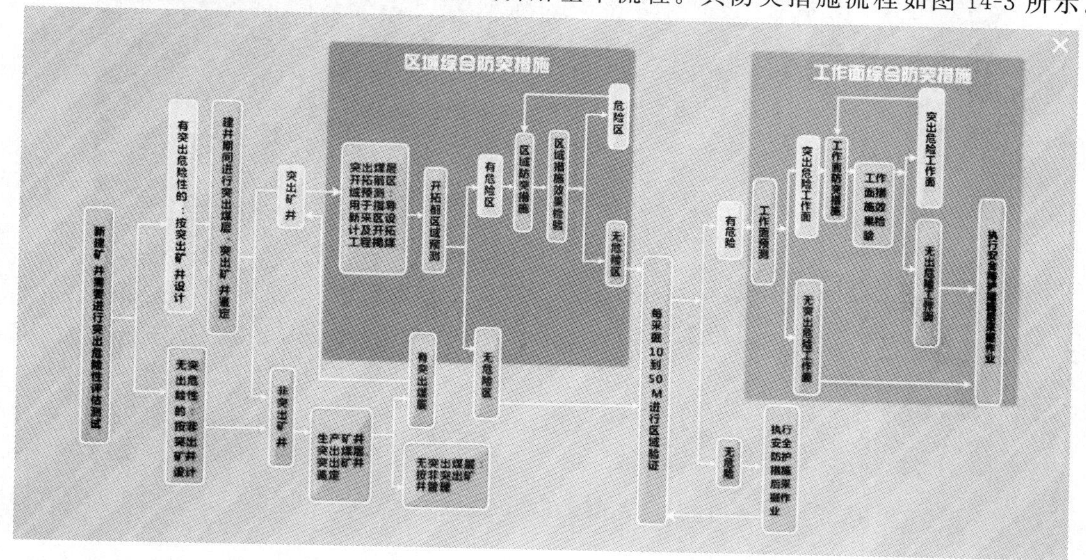

图 14-3　防突措施流程图

该模块包括学习模式和考核模式。学习模式运用流程图和语音介绍，讲述综合防突的流程；考核模式是通过互动填空形式对学生防突流程掌握情况进行训练。

4. 实验教学模块

实验教学模块包含四个典型的矿井瓦斯参数实测实验教学子模块，即瓦斯含量测试、瓦斯压力测试、煤钻屑瓦斯解吸指标 K_1 值测试、煤钻屑瓦斯解吸指标 Δh_2 值测试，如图 14-4 所示。通过虚拟交互操作的方式，模拟井下现场取样及实测实验的全过程，其中瓦斯含量测试虚拟实验的交互操作界面如图 14-5 所示。学生或学习者可以通过鼠标左键选择不同的实验进行学习和操作，并按照提示完成相关虚拟实验过程的学习和实践。

图 14-4　实验教学模块组成

图 14-5　瓦斯含量测试虚拟交互界面

另外，该教学部分不仅对实验过程进行讲解和虚拟交互操作，还通过视频动画虚拟交互的形式对直接法瓦斯含量测试系统、双胶囊瓦斯压力测定仪、煤钻屑瓦斯解吸仪等仪器设备的测试原理、使用方法进行了讲解和教学，采用虚拟交互的形式要求学生使用虚拟仪器设备开展实验操作和模拟取样测试的过程，使得学生学习和掌握相关设备的现场应用方法。其中双胶囊瓦斯压力测定仪的使用讲解和虚拟操作界面如图 14-6 所示。

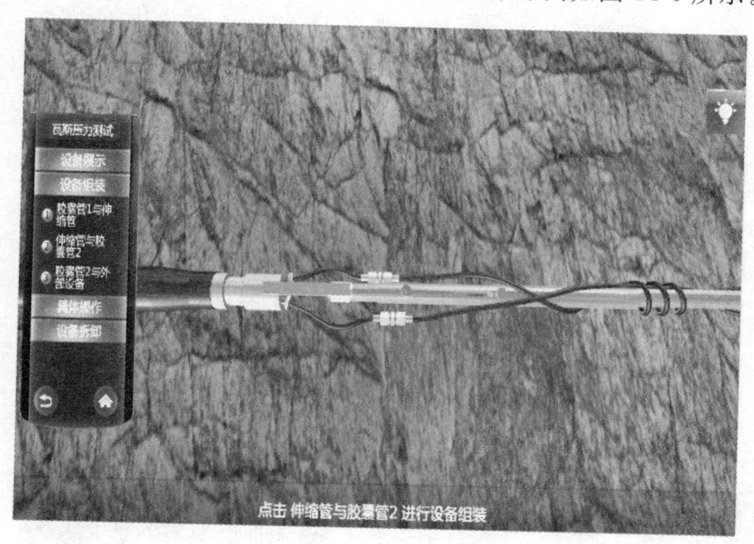

图 14-6　仪器设备使用教学界面

5. 实训教学模块

通过以上模块的学习和虚拟交互操作，学生或学习者已经基本掌握了各种瓦斯实测和防治设备的使用方式及操作流程。本实训教学模块将重点把上述知识点进行整合，让学生直观综合地了解整个防突过程，并提供在虚拟环境中亲自进行各种流程操作的机会，以达到可以多次重复、安全、环保、成本低廉地开展实际环境下难以开展的矿山瓦斯防治领域的重要实验、实践过程的教和学的目的。

该模块通过构造一个具有 3 个可采煤层的矿井，分别模拟"顺层钻孔预抽煤巷条带瓦斯"、"开采保护层"、"穿层钻孔预抽煤巷条带瓦斯(底抽巷)"三种不同的区域防突措施，并针对不同的区域防突措施，开展煤巷掘进过程中的具体防突流程虚拟实验和交互操作，使学生熟悉并掌握不同地质条件下的煤巷掘进工作面综合防突的实际流程和实践过程。其中，顺层钻孔预抽煤巷条带瓦斯区域防突和开采保护层区域防突的虚拟交互界面如图 14-7 和图 14-8 所示。

三、虚拟实验流程

(1) 系统登录。双击打开软件，看到图 14-9 所示的登录界面，输入用户名和密码登录系统，初次登录的用户名和密码均为学号。

(2) 实验简介。登录系统后看到图 14-2 所示的系统菜单，点击"实验简介"，该部分通过文字、图片和声音介绍该虚拟仿真实验教学软件。

(3) 实验背景。实验简介结束后，返回系统主菜单，点击进入实验背景部分，实验背景部分还原了一个真实的事故案例，通过文字、图片、视频和声音的形式展示防治煤与瓦斯突出的重要性。

图 14-7 顺层钻孔预抽煤巷条带瓦斯虚拟交互界面

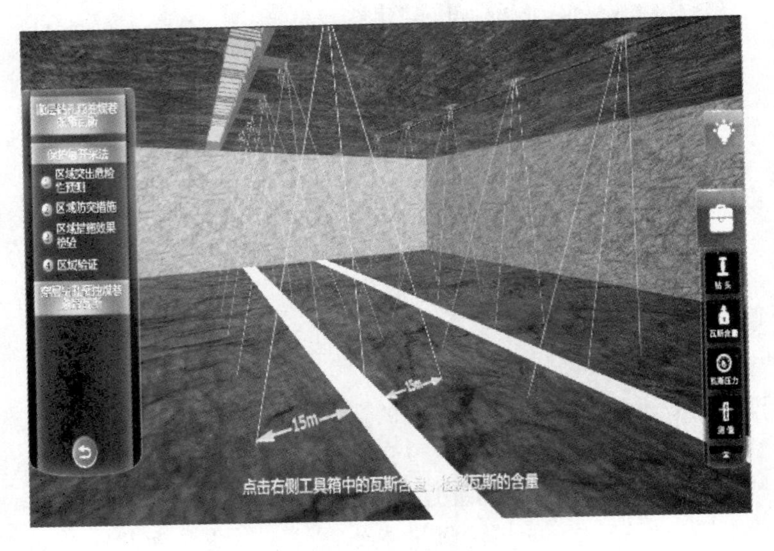

图 14-8 开采保护层区域防突虚拟交互界面

(4) 综合防突。综合防突部分主要介绍了防治煤与瓦斯突出的双四位一体的内容。进入该部分后有学习模式和考核模式，学习模式通过声音和图像的形式进行学习(图 14-10)，考核模式通过学员自己的操作填充综合防突流程中空缺的部分，既是学员自我检测掌握情况的方法，也是教师考核学员学习情况的方式。

(5) 实验教学。实验教学部分是本虚拟实验的重点，重点介绍了如何进行瓦斯含量测试、瓦斯压力测试、煤钻屑瓦斯解吸指标 K_1值和 Δh_2测试等。

① 瓦斯含量测试。

该模块依据《煤层瓦斯含量井下直接测定方法》(GB/T 23250—2009)将煤层瓦斯含量分为井下瓦斯损失量 W_1、常压瓦斯解吸量 W_2、粉碎瓦斯解吸量 W_3和残存瓦斯量 W_c。

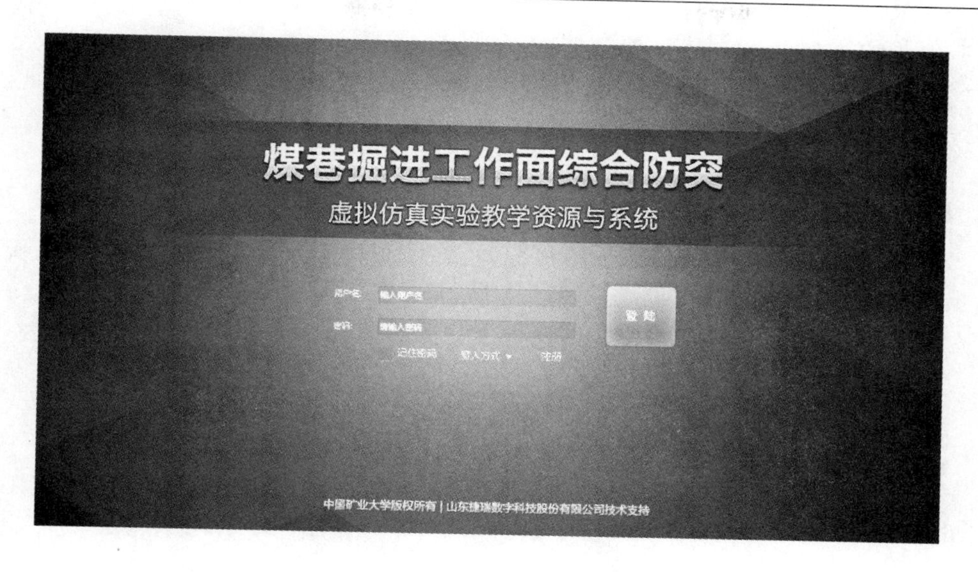

图 14-9 系统登录界面

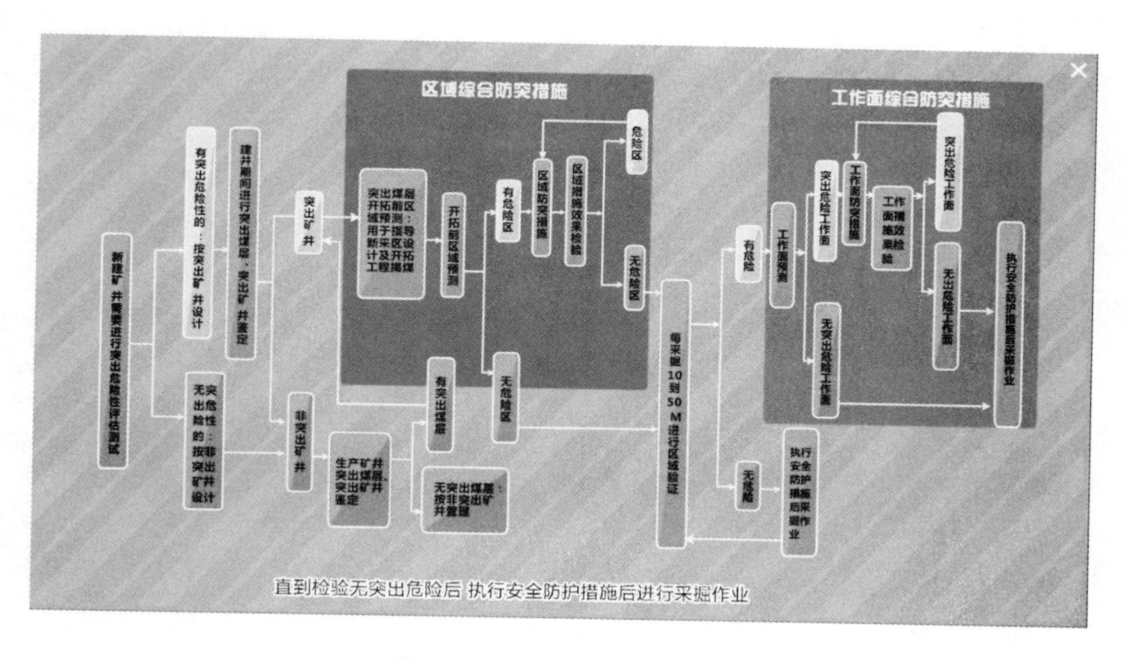

图 14-10 综合防突的学习模式

通过提示进行井下取样、井下解吸、地面解吸、煤样称重、水分测定、粉碎解吸量、数据处理等步骤，进行瓦斯含量测试。测试流程按系统提示进行，如图 14-11 所示。

② 瓦斯压力测试。

瓦斯压力测试仪由第一胶囊、可伸缩连接杆、第二胶囊、推杆、气体管、水管、黏液管、压力表、手动泵等组成。进入场景后，根据提示，点击左侧相应的按钮或中间实物进行操作。

本模块分为设备展示、设备组装、具体操作和设备拆卸，如图 14-12 所示。其中具体操作分为设备放置、灌注清水、灌注黏液三个步骤。设备拆卸包括钻孔泄压、黏液泄压、水泵

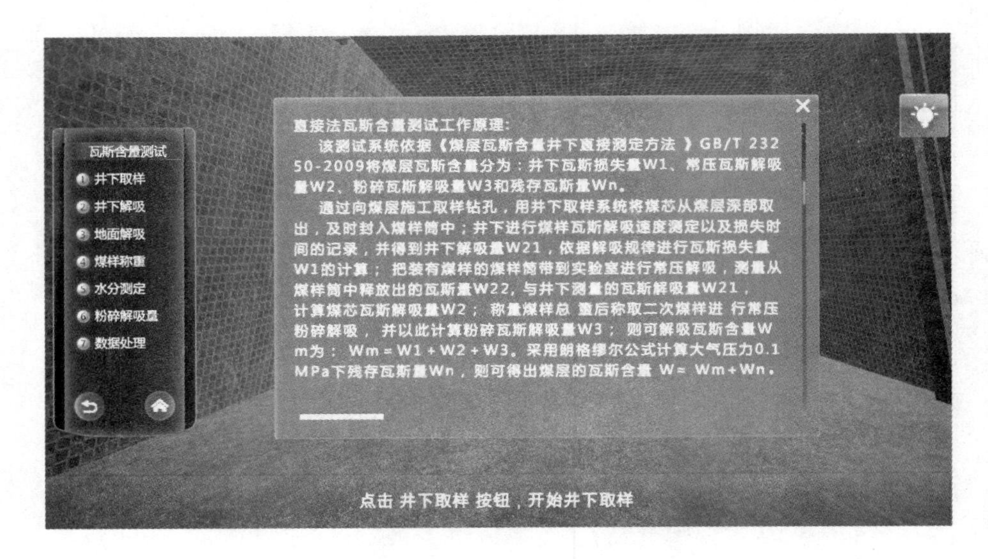

图 14-11　瓦斯含量测试系统

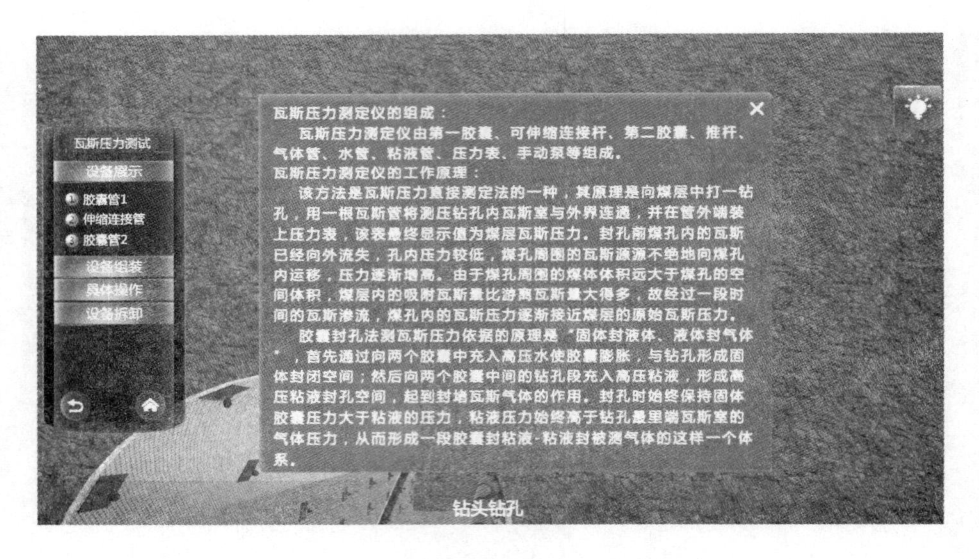

图 14-12　瓦斯压力测试系统

泄压、设备拆卸四个步骤。

③ 煤钻屑瓦斯解吸指标 K_1 值测试。

WTC 型瓦斯突出参数测试仪由煤样罐、主机等部分组成。测试原理是：通过测试煤样自煤体脱落暴露于大气之中解吸第 1 分钟后，第 0.5 分钟、第 1 分钟、第 1.5 分钟、……、第 5 分钟的解吸瓦斯量，通过曲线拟合得到每克煤样第 1 分钟的瓦斯解吸总量。进入场景，根据提示，鼠标点击相应的按钮或实物进行操作。

K_1 值测试又分为两部分，分别是测前准备和具体操作。测前准备分为设备连接、参数设置、煤样称重、钻孔取样、煤样筛选；具体操作包括煤样暴露、开始测定和参数输入三步。最后得到 K_1 计算结果。测试流程如图 14-13 所示。

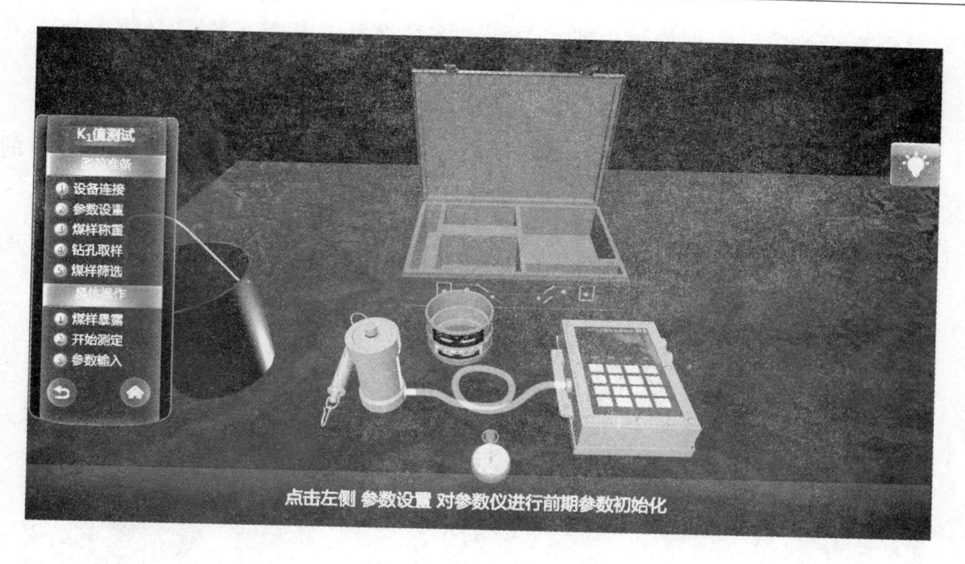

图 14-13　K_1 值测试

④ 煤钻屑瓦斯解吸指标 Δh_2 值测试。

测试原理：10 g 煤样自煤体脱落暴露于大气之中第 4 分钟和第 5 分钟的瓦斯解吸所产生的压差。进入场景，根据提示，鼠标点击相应的按钮或者物体进行操作。

Δh_2 值测试同样分为测前准备和具体操作两部分。测前准备分为仪器加水、检查密封性、配套设备三部分；具体操作分为钻孔取样、煤样暴露、开始测定和记录四部分。最后得出 Δh_2 的值，从而判断该煤矿有无突出危险。测试流程如图 14-14 所示。

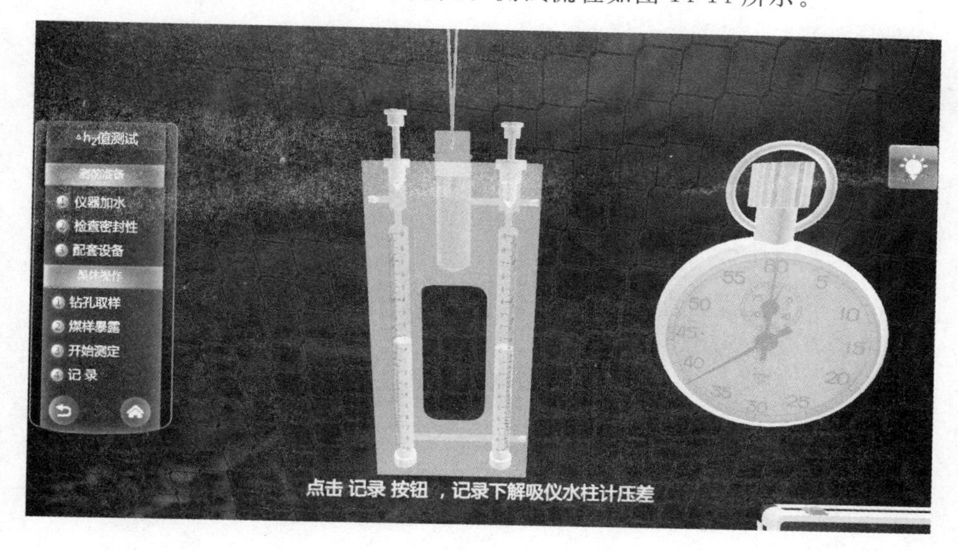

图 14-14　Δh_2 测试

（6）实训教学。实训教学部分通过构建一个具有 3 个煤层的矿井，分别在 3 层煤中实施顺层钻孔预抽煤巷条带瓦斯、保护层开采法、穿层钻孔预抽煤巷条带瓦斯三种综合防突方法，通过全流程的防突实训使学生或相关技术人员熟悉并掌握多种综合防突技术方法和流程。

① 顺层钻孔预抽煤巷条带瓦斯。

对具备顺层钻孔预抽煤巷条带瓦斯这一条件的煤层采取区域防突措施。模拟的防突内容及操作步骤主要包括区域突出危险性预测、区域防突措施、区域措施效果检验、区域验证、工作面预测、工作面防突措施、工作面措施效果检验、工作面防护。如图 14-15 所示。

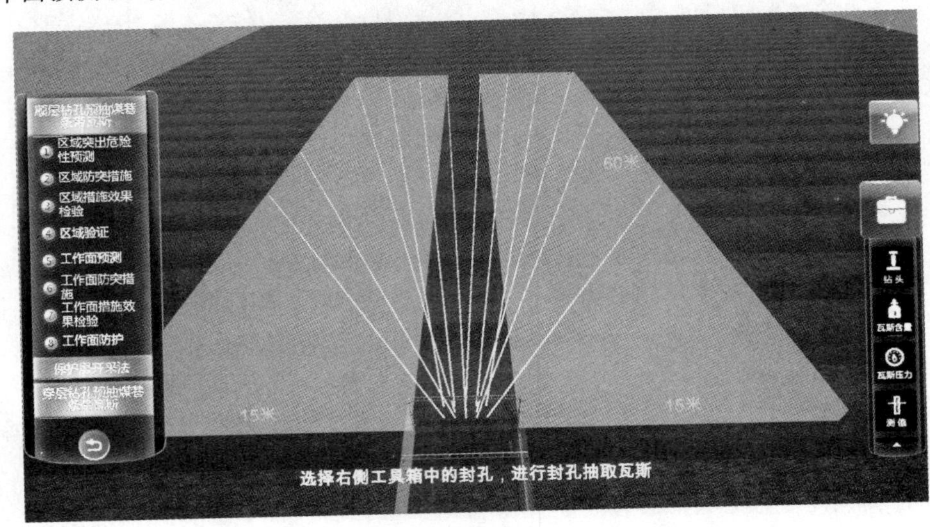

图 14-15　顺层钻孔预抽煤巷条带瓦斯

② 保护层开采法。

对具备保护层开采条件的煤层采取区域防突措施，如图 14-16 所示。

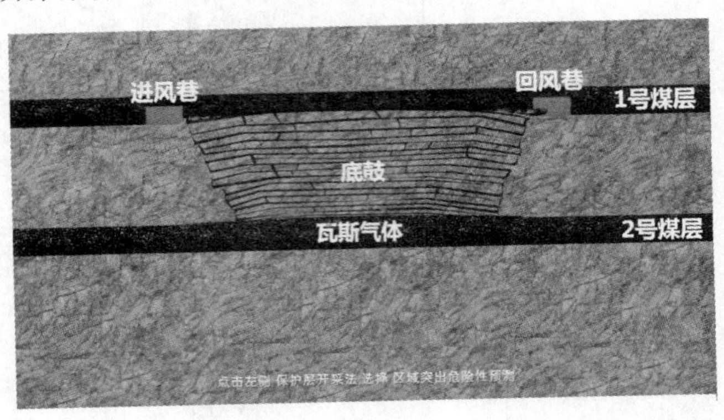

图 14-16　保护层开采法

③ 穿层钻孔预抽煤巷条带瓦斯。

对具备穿层钻孔预抽煤巷条带瓦斯这一条件的煤层采取区域防突措施。模拟的防突内容及操作步骤主要包括区域突出危险性预测、区域防突措施、区域措施效果检验、区域验证，如图 14-17 所示。

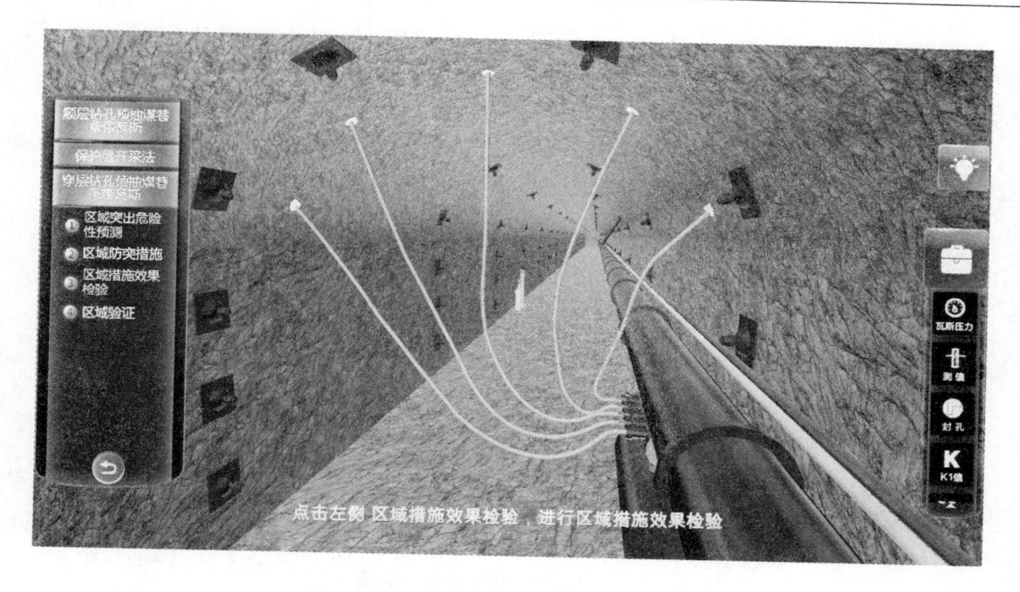

图 14-17 穿层钻孔预抽煤巷条带瓦斯

四、虚拟实验考核

该虚拟实验系统中综合防突、实验教学和实训教学三部分都含有考核模式。学员首先进入学习模式进行自主学习，学习完成后可进入考核模式进行考核，考核成绩系统自动保存，教师可以通过后台查看学员的考核情况。有的考核题目有解析，学员可以检验自己的学习情况，有利于学员掌握相关专业知识。考核模式如图 14-18 和图 14-19 所示。

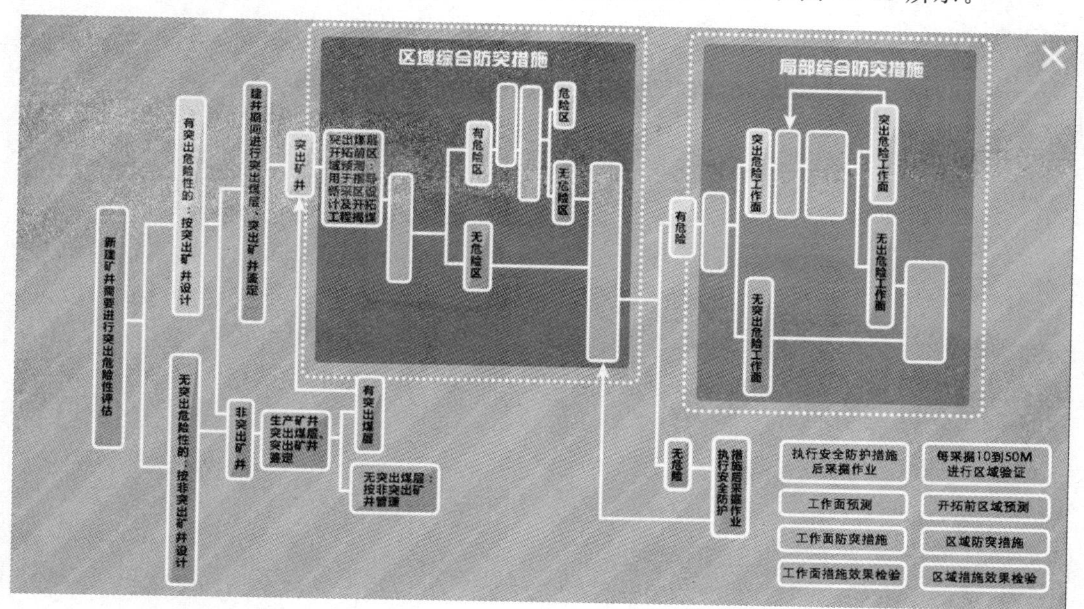

图 14-18 综合防突(考核模式)

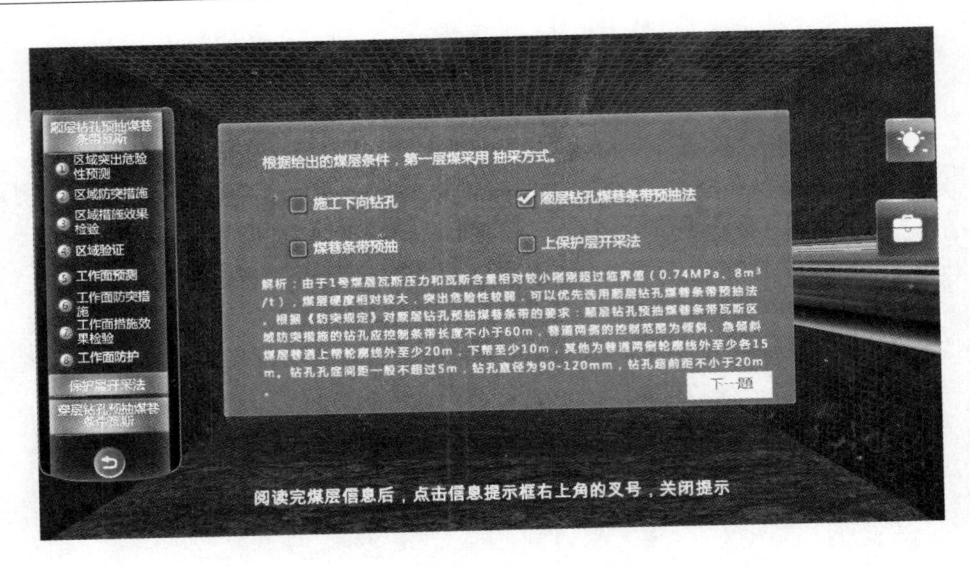

图 14-19　实训教学部分的练习题及解析

五、实验报告的撰写

本虚拟实验是利用虚拟现实技术，让学员熟悉煤巷掘进工作面综合防突的整个流程，掌握瓦斯含量、瓦斯压力、煤钻屑瓦斯解吸指标 K_1 值和 Δh_2 的测试方法，因此实验报告要包含以下几个部分内容：

（1）实验目的和意义。

（2）系统软件的简介。

（3）瓦斯含量、瓦斯压力、煤钻屑瓦斯解吸指标 K_1 值和 Δh_2 的测试方法。

（4）顺层钻孔预抽煤巷条带瓦斯、保护层开采法、穿层钻孔预抽煤巷条带瓦斯三种综合防突措施的具体操作流程，详细步骤需画图说明。

实验十五　大型通风机性能检测检验虚拟实验

通风机出厂时的特性曲线大多是制造厂家根据同类风机模型试验的资料按比例定律换算求得的，很少有单独进行测定的，故一般都不能作为个体特性曲线来使用。加之风机安装质量差异、加装扩散器以及使用中的磨损和锈蚀等因素，主要通风机的性能都会发生变化。为了掌握运转条件下通风机的实际性能，合理有效地使用好通风机，《煤矿安全规程》(2016 版)第一百五十八条明确规定“新安装的主要通风机投入使用前，必须进行试运转和通风机性能测定，以后每 5 年至少进行 1 次性能测定”。通风机性能测定的目的是求得在一定转速或叶片安装角(轴流式)条件下，通风机风量与风压、功率、效率的关系曲线。

矿井通风是为井下各个地点提供足够的新鲜空气，使其中有毒有害气体、粉尘浓度不超过规定值，使工作地点有适宜的气候条件。矿井通风是保障矿井安全生产最基本的技术手段。矿井主要通风机是实现矿井通风的核心设备，是保证矿井安全生产的重要装备。在煤矿现场，矿井主要通风机安全监测和性能测定工作是安全管理的一项重要内容。通风机在实际运行条件下的性能参数是通风管理工作的技术依据。因此，熟悉和掌握通风机性能测定和安全检测检验方法及流程是从事矿井通风安全工作的必备技能之一。但是，在实际生产中开展的对矿井主要通风机实地性能测定工作，往往具有测试时间长、使用设备繁多、操作复杂并在测试期间可能影响矿井正常生产等特点，因此不适合开展大规模的实验和实践教学。

开发和建立大型通风机性能检测检验虚拟仿真实验资源与系统，可以通过图片、视频、动画、虚拟现实技术等手段满足该内容核心知识的理论与实践教学需要，解决课程教学案例展示手段单一、实践教学条件不足、真实实验环境恶劣实验无法开展等问题。建立的大型通风机性能检测检验虚拟实验教学系统是一套融合教学演示、学生操作实践、虚拟实训的仿真场景，通过新颖、互动的新型教学模式，来强化学生的实际操作能力，巩固教学成果，提高教学效率。

一、实验目的

(1) 了解大型通风机性能检测检验的目的和意义。

(2) 掌握大型通风机性能检测检验实验的流程和方法。

(3) 熟悉和掌握通风机性能测定数据采集系统、三杯式气象风表、大气压力传感器、温湿度传感器、光电转速传感器、负压传感器、差压传感器、绝缘电阻测试仪、接地电阻测试仪、声级器、测振仪、塞尺、卷尺等实验装置和设备的配置、连接、调节等操作。

二、虚拟软件简介

大型通风机性能检测检验虚拟实验教学资源由虚拟教学、虚拟训练和虚拟考核三大部分组成。虚拟教学介绍了实验的目的、意义，实验仪器设备和内容，实验方法及流程；虚拟训练介绍了测试系统的安装、工况调节、数据采集程序的使用等；虚拟考核部分是考核利用通风机综合数据采集系统来完成通风机性能检测检验的过程和方法。

该虚拟实验教学系统的登录界面如图15-1所示，教师和学生可以凭工号和学号直接登录，校外人员可以先注册后登录。系统登录后的菜单界面如图15-2所示，登录后可以看到系统的3个组成部分，可以点击任意某个部分，然后开始实验。

图15-1　系统登录界面

图15-2　系统菜单

三、虚拟实验流程

（一）虚拟教学

虚拟教学部分主要是通过文字介绍了大型通风机性能测定实验的目的、意义，实验仪器设备和内容，实验方法和流程等，使学员对通风机性能测定虚拟实验有整体的认识和了解。虚拟教学界面如图15-3所示。

（1）实验的目的、意义模块主要是通过文字介绍该通风机实验的主要目的、作用、要求

图 15-3　虚拟教学界面

等，如图 15-4 所示。通风机系统安全检测检验的执行标准为《煤矿在用主通风机系统安全检测检验规范》(AQ 1011—2005)。

图 15-4　实验的目的意义界面

主要通风机的运行状态及在实际运行条件下的性能参数是矿井通风管理工作的技术依据。如数据不真实将造成风机与风网失配，留下安全隐患。因此，掌握通风机的性能测定和检测检验是必备技能之一。

(2) 实验仪器设备和内容模块主要是通过文字介绍该通风机实验的主要仪器和需要测定的内容，如图 15-5 所示。

(3) 实验方法和流程模块主要是通过文字介绍该通风机实验的具体操作方法和操作流程。此部分详细介绍了分立仪表和 KSC 数据采集系统测定通风机性能的方法及优缺点，如图 15-6 所示。

图 15-5　实验仪器设备和内容界面

图 15-6　实验方法和流程界面

分立仪表测定是传统的测定方法，存在着测定时其数据处理工作量大并且不易发现测定中的问题等缺点，目前在现场实际测量工作中已被成套的测试系统所取代，但从测定原理和概念上来看，用分立仪表测定更容易全面理解通风机性能测定的内容，用作学习和训练仍是十分必要的。

由于用分立仪表进行通风机性能测定时存在一些缺点，中国矿业大学安全工程学院左树勋高工在常年的实际测定工作经验基础上研发出了 KSC 系列测定系统。该系统测定速度快，采集数据量大，自动化程度高，全部需测参数都可由系统自动采集，并在测定过程中能及时显示各类数据及性能曲线的生成和变化过程，数据图形一目了然，所测数据及时存盘，测定完毕即可打印数据报表和性能曲线，是目前先进高效的通风机性能测定集成系统。

（二）虚拟训练

虚拟训练部分分为测试系统的安装、工矿调节、数据采集程序使用三个模块，主要是通过3D实景介绍通风机实验的具体情况。其界面如图15-7所示。

图15-7　虚拟训练界面

1. 测试系统的安装

测试系统的安装分为风量的测量与传感器安装、电参数的测量与传感器安装、负压的测量与传感器安装、大气压的测量与传感器安装、温湿度的测量与传感器安装、通讯设备的安装六个模块，可通过左侧菜单选择需要学习的模块，如图15-8所示。

图15-8　测试系统的安装界面

通风机性能测定中，风量是最重要的参数，决定整个测定工作的成败。系统配置三种风量测量方法，包括风速传感器测定方法、静压差测定方法、动压测风方法。

负压、大气压、温度和湿度四个传感器用15芯扁插头与主机连接。测定时只需将负压接口用适当长度的橡胶管连接到通风机入风口处的负压测量断面上即可。

(1) 风量的测量与传感器安装:该模块可通过顺序点击左侧菜单来观看学习整个流程的介绍和安装操作步骤,如图 15-9 所示。

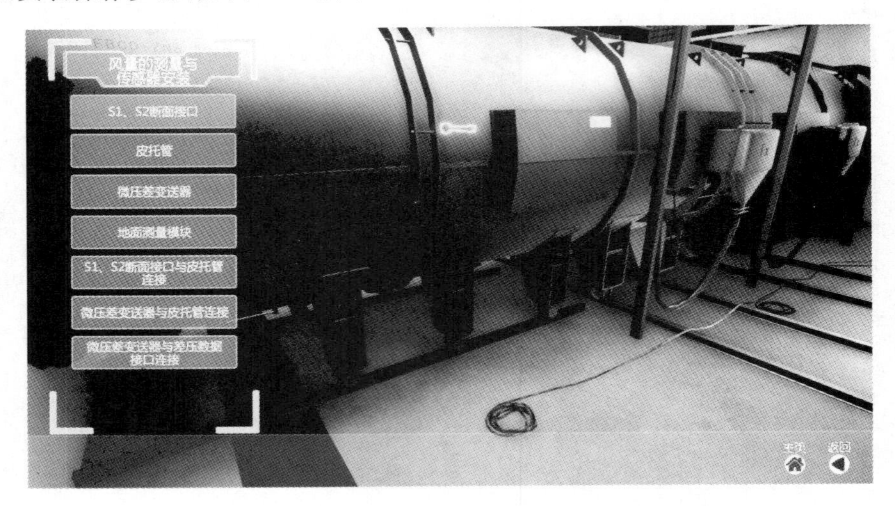

图 15-9　风量的测量与传感器安装

(2) 电参数的测量与传感器安装:该模块可通过顺序点击左侧菜单来观看学习整个流程的介绍和安装操作步骤,如图 15-10 所示。

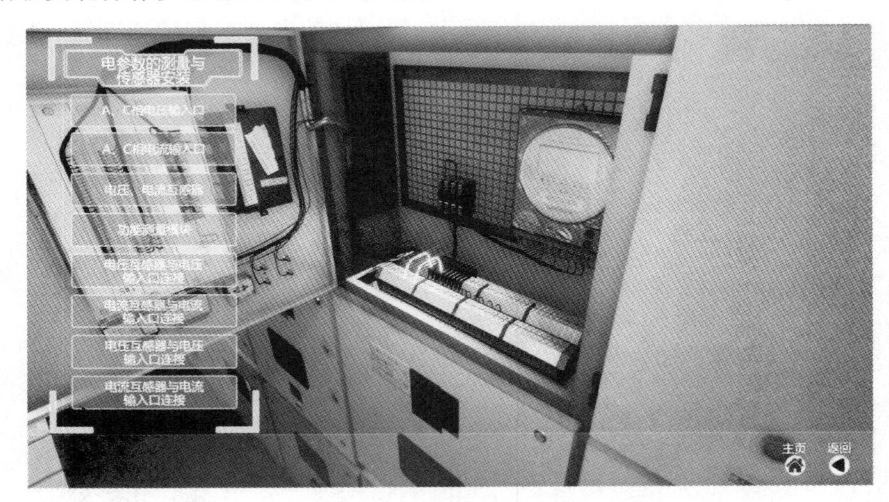

图 15-10　电参数的测量与传感器安装

(3) 负压的测量与传感器安装:该模块可通过顺序点击左侧菜单来观看学习整个流程的介绍和安装操作步骤,如图 15-11 所示。

(4) 大气压的测量与传感器安装:该模块可通过顺序点击左侧菜单来观看学习整个流程的介绍和安装操作步骤,如图 15-12 所示。

(5) 温湿度的测量与传感器安装:该模块可通过顺序点击左侧菜单来观看学习整个流

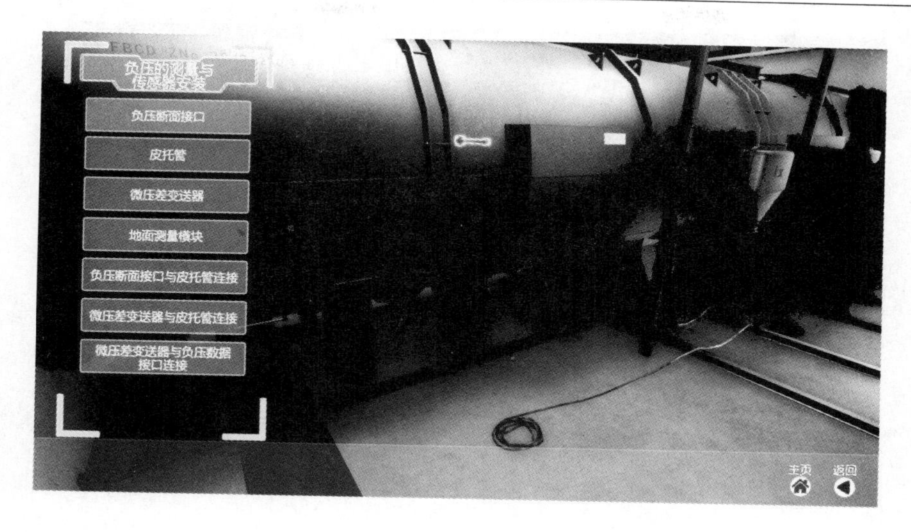

图 15-11　负压的测量与传感器安装

图 15-12　大气压的测量与传感器安装

程的介绍和安装操作步骤,如图 15-13 所示。

(6) 通讯设备的安装:该模块可通过顺序点击左侧菜单来观看学习整个流程的介绍和安装操作步骤,如图 15-14 所示。

2. 工况调节

该模块可通过顺序点击左侧菜单来观看学习整个流程的介绍和安装操作步骤,其界面如图 15-15 所示。

防爆盖是矿井通风的重要设备。在井下发生爆炸危险时,防爆盖会被冲击波推开,防止冲击波损坏主要通风机。该模块介绍了防爆盖和工况调节板,以及如何将防爆盖升起,然后安装不同数目的工况板来调节不同的工况点。

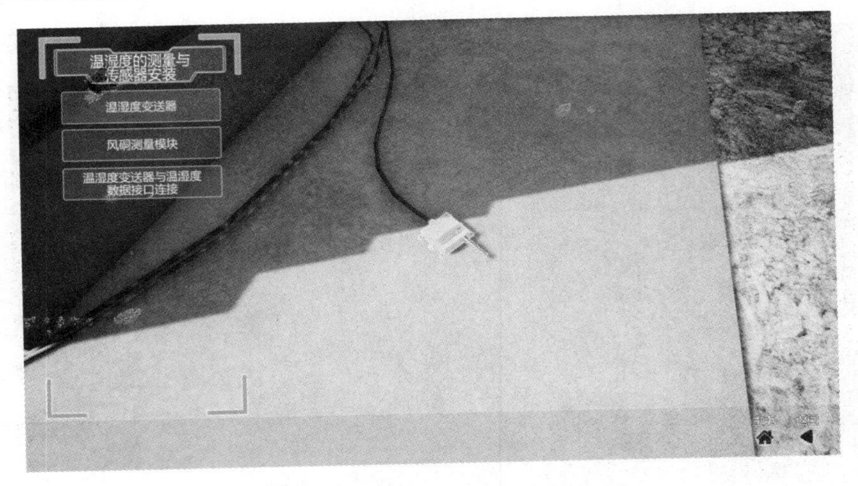

图 15-13　温湿度的测量与传感器安装

图 15-14　通讯设备的安装

图 15-15　工况调节界面

3. 数据采集程序使用

数据采集程序使用分为设备通电和程序使用两个模块，可通过左侧菜单选择需要学习的模块，如图 15-16 所示。设备通电部分包含地面模块电源通电、风硐模块电源通电、功率模块电源通电、当前测量的主要通风机设备通电和装有数据采集程序的电脑开机五个部分。在设备通电操作流程执行完毕后，可点击程序使用菜单，进入程序使用模块，打开软件，新建测试数据，然后输入相关的参数，开始通信，采集各个工况点的数据并保存，最后进行数据处理。

图 15-16　数据采集程序使用界面

(1) 设备通电：该模块可通过顺序点击左侧菜单来观看学习整个流程的介绍和安装操作步骤，如图 15-17 所示。

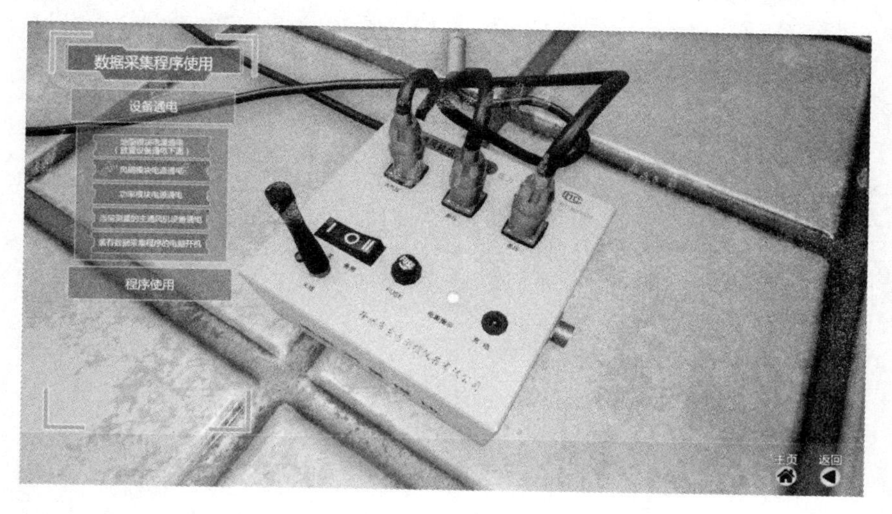

图 15-17　设备通电

(2) 程序使用：在设备通电操作流程执行完毕后，可点击程序使用菜单，进入程序使用模块，通过顺序点击左侧菜单来观看学习整个流程的介绍和安装操作步骤，如图 15-18 所示。

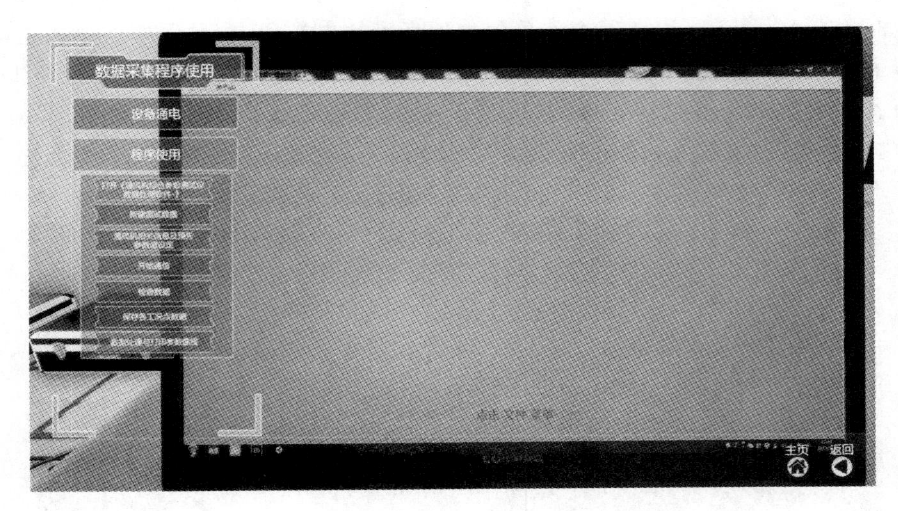

图 15-18　程序使用

注：虚拟训练模块在任意流程中都可通过右下角返回按钮返回至上一页。

（三）虚拟考核

虚拟考核主要包括 KSC 数据测定通风机性能，用于提供给学生或相关技术人员进行虚拟的互动操作，使学生或相关技术人员能更好地掌握整个通风机实验具体操作步骤，其界面如图 15-19 所示。

图 15-19　虚拟考核界面

KSC 数据测定通风机性能分为测量前准备、设备通电、数据采集系统的使用三个模块，需要按顺序完成，如图 15-20 所示。

(1) 测量前准备：该模块主要是将实验所需的设备从箱中拿出并连接完毕，流程步骤需

图 15-20　KSC 数据测定通风机性能

根据屏幕中下方的文字提示操作，如图 15-21 所示。

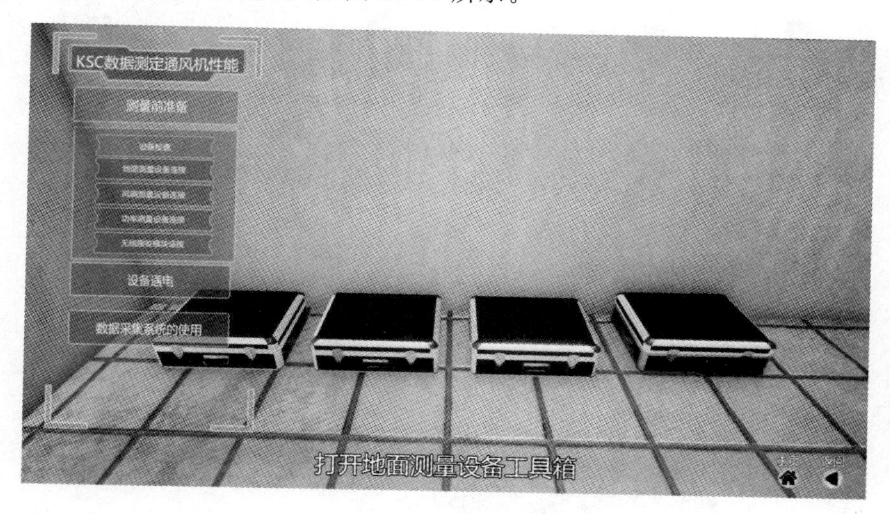

图 15-21　测量前准备(一)

根据提示完成实验，互动方式为用鼠标点击相关部件，如果选择正确，各部件会高亮显示并有连接动画播放，如图 15-22 所示。

(2) 设备通电：完成测量前准备操作会进入设备通电模块，该模块需要用户将连接完成的设备打开通电，如图 15-23 所示。

根据提示完成实验，互动方式为用鼠标点击相关部件，如果选择正确，设备电源灯会亮起，如图 15-24 所示。

(3) 数据采集系统的使用：完成设备通电操作会进入数据采集系统的使用模块，该模块需要用户完成电脑程序的数据采集，如图 15-25 所示。

根据提示完成实验，互动方式为用鼠标点击相关部件，如果选择正确，会生成实验完成

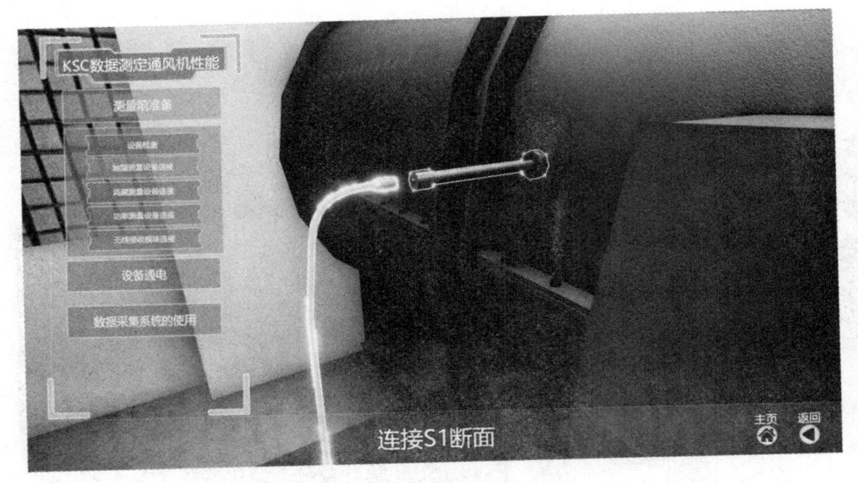

图 15-22　测量前准备(二)

图 15-23　设备通电(一)

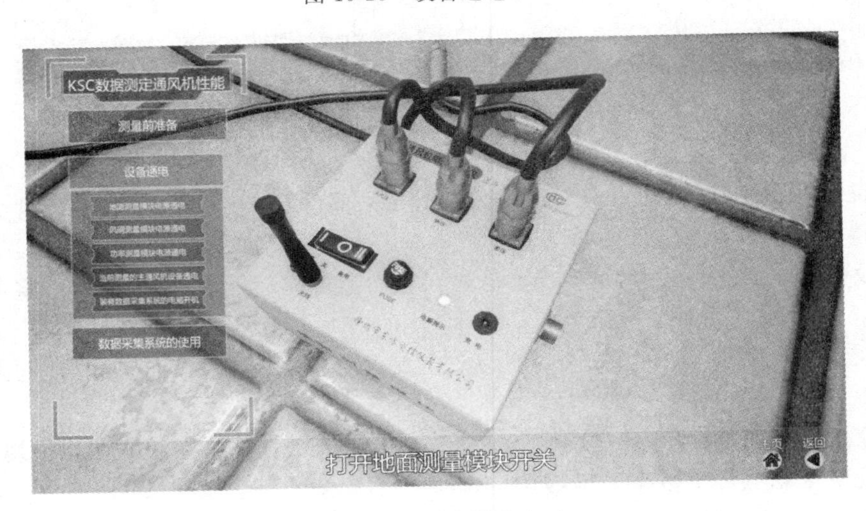

图 15-24　设备通电(二)

图 15-25　数据采集系统的使用(一)

的曲线图及报表,如图 15-26 所示。

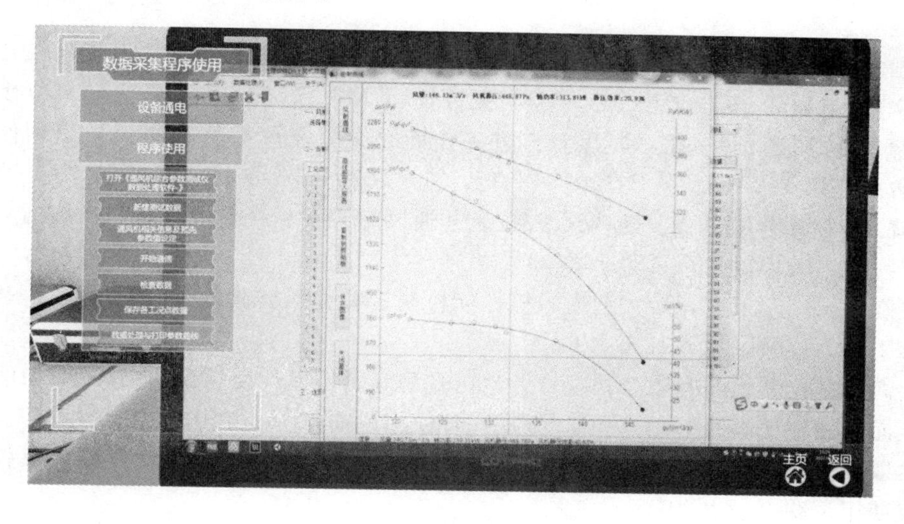

图 15-26　数据采集系统的使用(二)

四、实验报告的撰写

本虚拟实验是利用虚拟现实技术,让学生或相关技术人员熟悉大型通风机性能检测检验实验的方法和全流程,重点掌握风量参数测定和电参数测定方法。实验报告要包含以下几个部分内容:

(1) 实验的目的和意义。

(2) 矿井主要通风机性能测试的主要流程图。

(3) 矿井主要通风机性能测试的详细步骤。

(4) 矿井主要通风机性能测试的注意事项。

参考文献

[1] 北京时代新维测控设备有限公司. 全自动开口闪点测定仪使用说明书[Z],2010.
[2] 陈开岩,裴晓东,张人伟. 一种矿井通风网络系统实验装置:201520706413.1[P]. 2016-01-13.
[3] 钢丝绳[EB/OL]. [2017-10-09]. https://baike.baidu.com/item/%E9%92%A2%E4%B8%9D%E7%BB%B3/10694702?fr=aladdin.
[4] 国家安全生产监督管理总局,国家煤矿安全监察局. 煤矿安全规程(2016)[M]. 北京:煤炭工业出版社,2016.
[5] 国家煤矿安全监察局.《防治煤与瓦斯突出规定》读本[M]. 北京:煤炭工业出版社,2009.
[6] 李增华,裴晓东,仲晓星. 安全专业实验(1)[M]. 徐州:中国矿业大学出版社,2016.
[7] 倪文耀,朱顺兵. 安全工程专业实验与设计教程[M]. 徐州:中国矿业大学出版社,2012.
[8] 裴晓东,陈树亮,何书建,等. 煤巷掘进工作面综合防突虚拟仿真实验教学软件 V1.0:软著登字第 1627430 号[P]. 2017-02-14.
[9] 裴晓东,李增华,陈开岩,等. 煤炭院校矿井通风综合实验平台的构建与实践[J]. 实验科学与技术,2016,14(1):190-192,196.
[10] 裴晓东,林菲,王亮,等. 大型通风机性能检测检验虚拟实验教学软件 V1.0:软著登字第 1984510 号[P]. 2017-07-26.
[11] 上海隆拓仪器设备有限公司. YYT-2000B 型倾斜压差计使用说明书[Z],2016.
[12] 上海越磁电子科技有限公司. L 型皮托管使用说明书[Z],2016.
[13] 泰斯泰克(苏州)检测仪器科技有限公司. TTech-GBT2406-2 型智能临界氧指数测试仪使用说明书[Z],2016.
[14] 王德明. 矿井通风与安全[M]. 徐州:中国矿业大学出版社,2012.
[15] 徐州市东方测控仪器有限公司. CFJZ6 通风机综合测试仪使用说明书[Z],2013.
[16] 徐州市东方测控仪器有限公司. GTS 钢丝绳无损探伤仪使用说明书[Z],2017.
[17] 张遒玮. 生物柴油特性及对涡流室增压中冷柴油机性能影响的研究[D]. 上海:同济大学,2005.
[18] 中国国家标准化管理委员会. 石油产品闪点和燃点的测定 克利夫兰开口杯法:GB/T 3536—2008 [S]. 北京:中国标准出版社,2009.
[19] 中国石油和化学工业协会. 塑料 用氧指数法测定燃烧行为 第 2 部分:室温试验:GB/T 2406.2—2009/ISO 4589-2:1996[S]. 北京:中国标准出版社,2010.
[20] 中华人民共和国国家质量监督检验检疫总局,中国国家标准化管理委员会. 安全色:GB 2893—2008[S]. 北京:中国标准出版社,2009.

[21] 中华人民共和国国家质量监督检验检疫总局,中国国家标准化管理委员会.火灾分类:GB/T 4968—2008[S].北京:中国标准出版社,2009.
[22] 中华人民共和国国家质量监督检验检疫总局,中国国家标准化管理委员会.塑料 热空气炉法点着温度的测定:GB/T 4610—2008 [S].北京:中国标准出版社,2009.
[23] 中华人民共和国住房和城乡建设部.工业企业噪声控制设计规范:GB/T 50087—2013[S].北京:中国建筑工业出版社,2014.
[24] 中华人民共和国住房和城乡建设部.建筑采光设计标准:GB 50033—2013[S].北京:中国建筑工业出版社,2013.
[25] 左树勋,裴晓东.职业危害与防护[M].徐州:中国矿业大学出版社,2015.